Eriton Rodrigo Botero

METODOLOGIA E PRÁTICA DO ENSINO DE FÍSICA: ACÚSTICA, ÓPTICA, ONDAS E OSCILAÇÕES

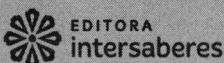

O selo DIALÓGICA da Editora InterSaberes faz referência às publicações que privilegiam uma linguagem na qual o autor dialoga com o leitor por meio de recursos textuais e visuais, o que torna o conteúdo muito mais dinâmico. São livros que criam um ambiente de interação com o leitor – seu universo cultural, social e de elaboração de conhecimentos –, possibilitando um real processo de interlocução para que a comunicação se efetive.

EDITORA intersaberes

Rua Clara Vendramin, 58 . Mossunguê . CEP 81200-170 . Curitiba . PR . Brasil
Fone: (41) 2106-4170
www.intersaberes.com
editora@editoraintersaberes.com.br

Conselho editorial
Dr. Ivo José Both (presidente)
Drª. Elena Godoy
Dr. Neri dos Santos
Dr. Ulf Gregor Baranow

Editora-chefe
Lindsay Azambuja

Gerente editorial
Ariadne Nunes Wenger

Preparação de originais
Guilherme Conde Moura Pereira

Edição de texto
Mille Foglie Soluções Editoriais
Caroline Rabelo Gomes

Capa
Débora Gipiela (*design*)
Martina V, P-fotography e AVS-Images/
Shutterstock (imagens)

Projeto gráfico
Débora Gipiela (*design*)
Maxim Gaigul/Shutterstock (imagens)

Diagramação
Sincronia design

Equipe de *design*
Débora Gipiela

Iconografia
Tatiana Lubarino
Regina Claudia Cruz Prestes

Dados Internacionais de Catalogação na Publicação (CIP)
(Câmara Brasileira do Livro, SP, Brasil)

Botero, Eriton Rodrigo
   Metodologia e prática do ensino de física: acústica, óptica, ondas e oscilações/ Eriton Rodrigo Botero. Curitiba: InterSaberes, 2020. (Série Física em Sala de Aula)

   Bibliografia.
   ISBN 978-65-5517-774-9

   1. Física – Estudo e ensino 2. Metodologia 3. Sala de aula I. Título II. Série.

20-42501   CDD-530.7

Índices para catálogo sistemático:
1. Física: Estudo e ensino   530.7

Maria Alice Ferreira – Bibliotecária – CRB-8/7964

1ª edição, 2020.

Foi feito o depósito legal.

Informamos que é de inteira responsabilidade do autor a emissão de conceitos.

Nenhuma parte desta publicação poderá ser reproduzida por qualquer meio ou forma sem a prévia autorização da Editora InterSaberes.

A violação dos direitos autorais é crime estabelecido na Lei n. 9.610/1998 e punido pelo art. 184 do Código Penal.

Sumário

Em escala subatômica... 5

1 Planejamento sistêmico 15

    1.1 Os pontos-chave do planejamento 16

    1.2 Aplicação do conceito de sistema no ensino 18

    1.3 Tipologia dos objetivos educacionais 21

    1.4 Ensino para a competência 24

    1.5 Planejamento de aulas teóricas e práticas 25

2 Novas perspectivas didáticas para o ensino de Física 32

    2.1 As perspectivas de Popper, Kuhn e Bachelard 33

    2.2 Transposição didática 36

    2.3 Movimento das concepções alternativas 39

    2.4 Problematização em Física 42

    2.5 Experimentação em Física 45

    2.6 A sala de aula invertida 48

    2.7 Propostas de atividades didáticas 50

3 Projetos e experimentos didáticos para ondulatória 57

    3.1 Ondas e oscilações 58

    3.2 Laboratório didático de ondas e oscilações 82

    3.3 Sequência didática sobre ondas e oscilações 89

4 Projetos e experimentos didáticos para acústica 104

    4.1 Ondas sonoras 105
    4.2 Laboratório didático de acústica 110
    4.3 Sequência didática sobre acústica 117

5 Projetos e experimentos didáticos para óptica (fenômenos) 129

    5.1 Óptica geométrica 130
    5.2 Laboratório didático de óptica (fenômenos) 141
    5.3 Sequência didática sobre fenômenos ópticos 150

6 Projetos e experimentos didáticos para óptica (instrumentos) 166

    6.1 Instrumentos ópticos 167
    6.2 Laboratório didático de instrumentos ópticos 172
    6.3 Sequências didáticas sobre instrumentos ópticos 178

Além das camadas eletrônicas 192
Referências 194
Bibliografia comentada 196
Respostas 199
Sobre o autor 201

Em escala subatômica...

A prática do ensino de Ciências, em especial do ensino de Física, é um desafio para pesquisadores e alunos do ensino superior, especialmente dos cursos de Licenciatura. O saber relativo ao ensino, que toma conta do cotidiano das salas de aula dos futuros professores, não é somente pautado no conhecimento e no domínio do conteúdo didático, mas recebe contribuições cada vez maiores de teorias que abrangem especificidades comportamentais dos estudantes. As metodologias de ensino cujo foco está no aluno, sendo considerado o sujeito da construção de seu conhecimento, mudaram as perspectivas que, anteriormente, tinham no professor a figura central do processo de ensino-aprendizagem. Nesse novo paradigma, adaptações ou reestruturações têm sido feitas nas metodologias didáticas. Atualmente, há, entre as novas práticas pedagógicas, modelos e teorias como a sala de aula invertida, o ensino por investigação e o ensino por experimentação.

    Nosso objetivo principal, nesta obra é apresentar a você, leitor, uma metodologia para o ensino de conceitos de Física baseada na investigação e na experimentação, lançando mão de sequências didáticas inscritas em um planejamento sistêmico do conteúdo e buscando, na interação entre professor e aluno, o principal meio de aprendizagem. Embora aborde somente conteúdos como

som, óptica, ondas e oscilações, este material pode ser usado como livro-texto por alunos dos cursos de Licenciatura em Física/Ciências, alunos de Pós-Graduação em Ensino de Física/Ciências, professores do ensino médio e fundamental, bem como entusiastas e profissionais de outras áreas que se interessem pelo assunto.

Este livro foi idealizado de modo que cada capítulo contenha uma série de atividades investigativas sobre temas de Física acompanhadas de uma sequência didática que visa ao ensino pela investigação e/ou experimentação. Assim, buscamos estimular uma proximidade na relação entre o professor e o estudante, bem como possibilitar que este último construa o conhecimento sobre o conteúdo, ao atuar como o personagem principal nesse processo.

Nos Capítulos 1 e 2, faremos uma introdução sobre o planejamento sistêmico para o ensino e os conteúdos escolares de Física, a fim de que você conheça os conceitos do ensino por experimentação e as ideias que subsidiam esses métodos, por meio de uma revisão mais atual da literatura que trata sobre o tema.

Nos Capítulos 3, 4, 5 e 6, de maneira sucinta, revisaremos alguns conteúdos de Física: sons, óptica, ondas e oscilações. Ao final da abordagem de cada um desses temas, apresentaremos atividades investigativas com suas sequências didáticas.

Para a realização das atividades investigativas, proporemos a construção de laboratórios itinerantes, com materiais de fácil acesso e custos relativamente

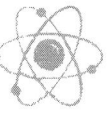

baixos. Todas elas foram pensadas para, além de agregarem conhecimento e constituírem uma fonte de aprendizado, serem seguras e viáveis no âmbito da sala de aula, independentemente do nível de ensino (fundamental, médio ou superior). As adaptações dos materiais e o grau de aprofundamento que pode ser explorado em cada atividade serão discutidos nas sequências didáticas. A abordagem de cada uma dessas sequências tem o propósito de nortear a exploração do conteúdo; sempre garantindo, porém, que você tenha liberdade para promover eventuais adaptações necessárias para a boa realização das atividades propostas.

Grade parte das ilustrações presentes neste livro são diagramas e esquemas desenhados em papel. Essa escolha foi motivada pelo interesse em facilitar a visualização e para evidenciar que, se assim desejar, você pode reproduzi-las em aula.

No Capítulo 1, trataremos de noções sobre o planejamento sistêmico. Abordaremos o que é o planejamento de um conteúdo didático, tendo o aluno e seu aprendizado como as peças fundamentais do processo de ensino-aprendizagem. Nosso intento é romper com a concepção de que o ensino deve ser aquele que cumpre uma ementa ou um conteúdo, de modo a estabelecer a perspectiva de que ele agrega conhecimento. No fim do capítulo, apresentaremos formas de planejar uma aula teórica e uma aula prática.

No Capítulo 2, focaremos em propostas metodológicas para o ensino de Ciências, em especial de Física. Discutiremos formas de levar as observações do dia a dia para dentro da sala de aula e de esclarecê-las por meio da teoria. Demonstraremos que as concepções alternativas dos estudantes são facilitadoras do processo de ensino-aprendizagem e mostraremos a metodologia da sala de aula invertida como uma proposta de interação entre professor e aluno.

Iniciaremos o Capítulo 3 com o estudo das oscilações, abrangendo suas classificações e representações; isso se configurará como uma introdução ao conteúdo de ondas. Proporemos a montagem de um laboratório de oscilações com atividades investigativas sobre pêndulos simples, ressonância, ondas em cordas e interferências de ondas. No final do capítulo, haverá uma sugestão de sequência didática usando essas atividades e aplicando o ensino por demonstração e investigação. Modelos de atividades que trabalhem a sala de aula invertida serão sempre inseridos nos contextos dessas sequências.

No Capítulo 4, trataremos o som como uma forma de onda. Novamente, indicaremos como estratégia a montagem de um laboratório de acústica com equipamentos para a construção de atividades investigativas em temas como a propagação do som em cordas, os instrumentos de corda e de tubo e as formas de visualizar o som. Uma nova sequência didática que envolve essas atividades será proposta no final do capítulo.

Dedicamos os dois últimos capítulos ao tema óptica. O Capítulo 5 tem como conteúdo central a fenomenologia e os conceitos da óptica geométrica. Nele, os temas de estudo são atividades investigativas sobre a câmara escura e a fotografia, os princípios da óptica geométrica, a relação da óptica com a astronomia, a dispersão, a refração e a reflexão da luz. Já o Capítulo 6 é voltado à aplicação desses conceitos para a construção de equipamentos e dispositivos. Nele apresentaremos atividades investigativas sobre o uso de lentes, os espelhos planos, os espelhos esféricos e os polarizadores. Novamente, em ambos, proporemos a montagem de laboratório de óptica e elaboraremos sequências didáticas que contemplem essas atividades e possam ser parcial ou integralmente usadas em sala de aula.

Desejamos que você aproveite a leitura e faça uma reflexão sobre seus procedimentos de ensino ou sobre suas perspectivas a respeito desse processo. Além disso, desejamos que elabore e pratique, se possível, em sala de aula, cada atividade sugerida e que estas sirvam como pioneiras, a fim de que essa estratégia de ensino por investigação seja abordada em mais conteúdos das disciplinas de Física. Além disso, ansiamos que este livro sirva de inspiração para que tais propostas se expandam para outras áreas da ciência.

Boa leitura!

Como aproveitar ao máximo as partículas deste livro

Empregamos nesta obra recursos que visam enriquecer seu aprendizado, facilitar a compreensão dos conteúdos e tornar a leitura mais dinâmica. Conheça a seguir cada uma dessas ferramentas e saiba como elas estão distribuídas no decorrer deste livro para bem aproveitá-las.

Primeiras emissões

Logo na abertura do capítulo, informamos os temas de estudo e os objetivos de aprendizagem que serão nele abrangidos, fazendo considerações preliminares sobre as temáticas em foco.

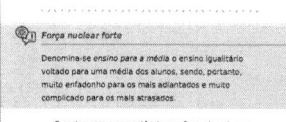

Força nuclear forte

Nestes *boxes*, apresentamos informações complementares e interessantes relacionadas aos assuntos expostos no capítulo.

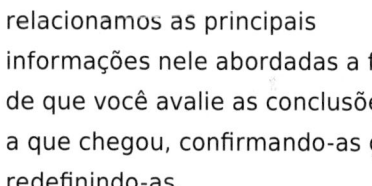

Radiação residual

Ao final de cada capítulo, relacionamos as principais informações nele abordadas a fim de que você avalie as conclusões a que chegou, confirmando-as ou redefinindo-as.

Testes quânticos

Apresentamos estas questões objetivas para que você verifique o grau de assimilação dos conceitos examinados, motivando-se a progredir em seus estudos.

Interações teóricas

Aqui apresentamos questões que aproximam conhecimentos teóricos e práticos a fim de que você analise criticamente determinado assunto.

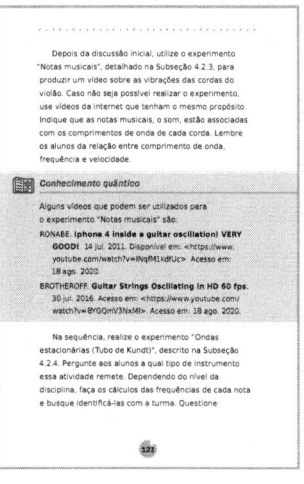

Conhecimento quântico

Para ampliar seu repertório, indicamos conteúdos de diferentes naturezas que ensejam a reflexão sobre os assuntos estudados e contribuem para seu processo de aprendizagem.

Lembrete

Relembramos conhecimentos básicos que você já sabe e precisa ativar para compreender mais facilmente os conteúdos tratados.

Bibliografia comentada

Nesta seção, comentamos algumas obras de referência para o estudo dos temas examinados ao longo do livro.

Bibliografia comentada

MNPEF – Mestrado Nacional Profissional em Ensino de Física. Disponível em: <http://www1.fisica.org.br/mnpef/>. Acesso em: 17 ago. 2020.

Esse é o site do Programa Nacional de Mestrado Profissional em Ensino de Física (MNPEF), oferecido pela Sociedade Brasileira de Física em diversas instituições do Brasil. Destina-se a professores de Física que desejam aprimorar sua metodologia de ensino. No site é possível realizar o download das dissertações e dos produtos educacionais já desenvolvidos, muitos dos quais podem ser aproveitados em atividades pedagógicas.

MOREIRA, M. A. **Teorias de aprendizagem**. São Paulo: EPU, 1999.

Nessa obra, Marco Antonio Moreira, um dos principais pesquisadores na área de ensino de Física do Brasil, mobiliza sua vasta experiência para ajudar na formação de professores. Baseia-se no ensino construtivista com foco voltado ao aluno, trazendo também as reflexões de famosos pesquisadores, como Jean Piaget e David Ausubel.

Planejamento sistêmico

Primeiras emissões

Neste primeiro capítulo, refletiremos sobre o ato de ensinar, abordando as perspectivas dos dois grandes atores desse processo: o professor e o aluno. Explicitaremos que, embora estejam separados por uma barreira estrutural, a relação entre eles, durante o processo de ensino-aprendizagem, deve acontecer de maneira fluida, promovendo a reestruturação e a reorganização do conteúdo didático das disciplinas, em conformidade com o meio social em que vivem. Assim, é possível superar o propósito de cumprir com uma ementa e alcançar o patamar de uma oferta de conhecimentos.

1.1 Os pontos-chave do planejamento

Planejar uma disciplina, uma aula ou uma atividade didática é uma das responsabilidades dos professores. Na verdade, trata-se de um mecanismo de avaliação utilizado pelas instituições de ensino, para garantir que todo o conteúdo de uma disciplina seja apresentado aos alunos, e de um meio de organização do tempo do professor em seu trabalho em sala de aula.

É comum que o processo de elaboração do planejamento seja engessado por diversos fatores, sendo o mais frequente a contemplação de todo o conteúdo de uma ementa proposta ao professor.

Além disso, em tais planos devem constar claramente os mecanismos de avaliação, os critérios de atribuição de notas e o cálculo da nota final. Assim, esses planejamentos são feitos, na grande maioria das vezes, para satisfazer os interesses da escola em vez de priorizar o crescimento e a transformação do aluno. Em muitos casos, não se consideram as necessidades sociais e profissionais que determinada disciplina deve suprir na vida de um estudante.

Segundo Procópio Belchior, em sua obra *Planejamento e elaboração de projetos* (1972), o planejamento é composto por uma série de fases tão específicas quanto o método científico de pesquisa, as quais devem ser analisadas pelo professor antes do planejamento de sua disciplina. São elas:

1. Definição e equacionamento preliminar do problema;
2. Elaboração das diretrizes básicas do planejamento;
3. Fixação inicial dos objetivos;
4. Colheita preliminar de dados;
5. Realização de levantamentos e pesquisas;
6. Estabelecimento de projeções e previsões;
7. Análise e discussão de dados;
8. Apresentação de alternativas e opções;
9. Formulação de decisões ou propostas;
10. Integração dos planos parciais, desdobramento em planos derivados ou replanejamento. (Belchior, 1972, p. 34)

As fases propostas pelo autor, em suma, têm a flexibilidade no ensino como principal característica, oferecendo ao aluno o conhecimento e a liberdade para atuar em sua própria formação. Observe a complexidade de tal tarefa, a qual, ao mesmo tempo que permite ao aluno escolher sua forma de aprendizado, tem de garantir que o conhecimento inerente a determinada disciplina se efetive em seus aspectos profissionais, sociais e/ou culturais.

Esse é um ponto crucial na metodologia de ensino pautada na ideia de que o aluno é o principal ator de seu aprendizado. Ao mesmo tempo que a aprendizagem é mais branda e leve, no ritmo do educando, este precisa, desde o início de sua vida escolar, ter consciência de seus objetivos profissionais e sociais. A escola deve ser uma das bases da sociedade, não só como fonte de conhecimento, mas também como meio e mecanismo de alcançar objetivos de vida. As instituições de ensino têm um papel fundamental na construção da sociedade, pois é dentro delas que o aprendizado é guiado por seus objetivos norteadores.

1.2 Aplicação do conceito de sistema no ensino

A aprendizagem é um processo social, moldado por relações contextuais, históricas, políticas e ideológicas mais amplas, as quais formam o que se convencionou chamar de *sistema*.

Um sistema é composto por partes que interagem entre si, podendo, até mesmo, ser considerado parte de um sistema maior. Um sistema aberto é aquele que se relaciona com o meio externo por meio de insumos (*inputs*) – influências recebidas do meio – e produtos (*outputs*) – modificações promovidas pelo sistema. A transformação dos insumos em produtos ideais, de certa maneira, se deve às interações entre as partes que constituem determinado sistema, bem como de realimentações (*feedbacks*) que conhecem e repassam as reações do ambiente no qual ele está inserido (Almeida, 2007).

Então, retomando o contexto da educação e aplicando essas noções, entre os insumos estão os professores, os alunos e a sociedade como um todo. Por sua vez, os produtos estão relacionados com as mudanças que esses insumos sofrem em seus conhecimentos, suas habilidades intelectuais, seus valores, seu desenvolvimento, seu avanço cultural etc. As realimentações são ditadas pelo próprio processo de ensino e tudo isso ocorre dentro de unidades de operação, isto é, facilidades de ensino inseridas em unidades e complexos funcionais, como salas de aula, laboratórios, bibliotecas, escolas e universidades.

Extrapolando essa nomenclatura, ilustraremos esse conceito utilizando o ensino de Língua Portuguesa na etapa de alfabetização. Nem sempre as comunidades escolares e de sala de aula veem as famílias como parceiras e integrantes do sistema educacional.

Assim, as práticas linguísticas familiares dos alunos frequentemente são estigmatizadas e desvalorizadas, de modo que os pais raramente são vistos como colaboradores no trabalho da alfabetização. A inclusão das famílias no processo de alavancar a alfabetização desses estudantes constituiria o que é denominado *insumos do sistema*. Já as práticas de análise da aprendizagem por parte das famílias e por meio de avaliações corresponderiam às realimentações para gerar um produto ideal, no caso, a alfabetização desses alunos. A escola, a biblioteca e a sala de aula seriam os complexos e as unidades funcionais.

Deve ficar claro que, independentemente dos objetivos estabelecidos por um planejamento de ensino, o conceito de sistema educacional deve contemplar as mais diversas e amplas áreas, a fim de gerar estratégias que guiem e facilitem a transição dos alunos da situação em que se encontram, no que respeita ao conhecimento
e à educação, para o alcance de suas metas de formação. Contudo, tal processo somente ocorre quando a liberdade e a criatividade dos alunos são respeitadas e estimuladas bem como as suas relações com a sociedade e o meio em que vivem. Nesse contexto, inúmeros procedimentos de ensino têm ganhado destaque por sua eficiência ao englobar grande parte do sistema como insumo. Entre eles, destacamos o ensino por investigação, que será tratado nos capítulos seguintes.

1.3 Tipologia dos objetivos educacionais

Antes de inserir o sistema completo no processo de aprendizagem, visando a um bom planejamento educacional tanto para o professor quanto para o aluno, a determinação e o conhecimento dos objetivos de ensino são de grande importância. Isso porque o educador precisa selecionar as metas, discriminá-las e escolher os mecanismos adequados, a fim de as alcançar durante suas aulas. Já para o estudante, o conhecimento daquilo que se pretende aprender o ajuda a organizar seus esforços para alcançar os objetivos determinados.

Segundo Benjamim Bloom (1972), em sua obra *Taxonomia dos objetivos educacionais*, a formulação dos objetivos educacionais deve abranger três domínios da aprendizagem humana: (1) o domínio cognitivo ou intelectivo; (2) o domínio afetivo ou valorativo; e (3) o domínio motor.

A **área cognitiva** compreende duas subáreas:

- **Conhecimento** – É o conjunto de ideias e fenômenos que está armazenado na memória do aluno. Pode ser subdivido em conhecimentos específicos (de terminologia, de fatos específicos); conhecimento de meios e modos de lidar com conhecimentos específicos (de convenções, de fatos e tendências, de classificações e categorias, de critérios, de metodologia); e conhecimento das generalidades e abstrações (de princípios e generalizações, de teorias e estruturas).

- **Habilidades intelectuais** – Designam os modos de operação e técnicas de tratamento de temas e problemas. São muitas vezes denominadas de *pensamento crítico* ou *pensamento reflexivo*. Podem ser encontradas na compreensão (tradução, interpretação, extrapolação); aplicação; análise (de elemento, de relações, de princípios de organização); síntese (produção de uma comunicação original, de um plano ou projeto de operações, dedução de um conjunto de relações abstratas); avaliação (julgamento em função da evidência interna, em função de critérios externos).

A **área afetiva**, por sua vez, inclui as subáreas:

- **Receptividade** – Consiste na recepção de certos estímulos pelos alunos (compreende tomar conhecimento, ter disposição para receber, ter atenção seletiva ou controlada).
- **Resposta** – Refere-se a situações em que o estudante já demonstra interesse em responder aos estímulos pertinentes (aquiescência em responder, disposição para responder, satisfação em responder).
- **Valorização** – Relaciona-se com a valorização pelo próprio estudante em participar e responder, tal que ele se sente engajado (aceitação de um valor, preferência por um valor, compromisso).

- **Organização** – Ocorre quando o estudante aprende a organizar uma escala de valores, com prioridades claras e coerentes (compreende a conceituação de um valor e organização de um sistema de valores).
- **Caracterização por um valor ou complexo de valores** – Constitui a etapa em que os valores adquiridos e organizados formam uma visão de mundo que dá característica à pessoa (conjunto generalizado, caracterização por um complexo de valores).

Segundo Bloom (1972), construir objetivos consiste em defini-los em termos de comportamento, desempenho ou realização, de modo que devem ser contemplados questionamentos como: "O que pretendo fornecer ao aluno?", "Como espero que esse comportamento ocorra?" ou "Que habilidades espero que o aluno desenvolva?".

Os domínios cognitivo, afetivo e motor dependem muito das percepções dos estudantes do que ocorre ao seu redor. Conseguir transportar essas percepções para discussões em sala de aula é uma das estratégias das concepções alternativas. Estas correspondem aos conhecimentos adquiridos pelos alunos em seu convívio social e, possivelmente, nem sempre estão de acordo com a teorização de determinada disciplina, embora, em algum contexto, sejam encaradas como verdades absolutas.

    Assim sendo, a inserção dessas experiências e percepções como forma de alavancar o processo

educacional, fornecendo ao educando bagagem
para compreender as limitações de suas concepções
alternativas, deve compor os objetivos de ensino
e aprendizagem. Tal processo, bem como a inclusão de
setores da sociedade como parte do sistema,
é fundamental para a educação contextualizada.

1.4 Ensino para a competência

O trabalho orientado para o propósito de que todos os alunos atinjam os objetivos mínimos propostos no planejamento de uma disciplina, evitando, porém, o ensino para a média, garante que todos façam todas as atividades com o mesmo grau de interesse. Tal pressuposto constitui o ensino por competência. Para isso, é preciso seguir princípios como informar ao aluno o que realmente se espera – objetivo claro –, conceder tempo variável para que todos cumpram os objetivos mínimos e conferir a aprendizagem personalizada – estimulando os que estão mais atrasados e oferecendo novos desafios para os mais adiantados. A principal diferença entre o ensino para a competência e o ensino tradicional está no fato de que aquele se volta para o estudante e para a relação entre o conteúdo e o aprendizado, extrapolando as limitações de um currículo.

Força nuclear forte

Denomina-se *ensino para a média* o ensino igualitário voltado para uma média dos alunos, sendo, portanto, muito enfadonho para os mais adiantados e muito complicado para os mais atrasados.

O ensino para a competência propõe ouvir o aluno e explorar suas particularidades, tornando-as outro foco de aprendizado. O professor deve, previamente, durante o planejamento de sua disciplina, responder perguntas como: "Para que isso servirá na vida dos alunos?", "Como eles usarão esses conhecimentos em sua profissão?", "Eles precisam saber tudo sobre essa matéria?". Além disso, na medida em que é capaz de considerar e ouvir o estudante, tal planejamento incorpora seus objetivos, bem como os da sociedade.

1.5 Planejamento de aulas teóricas e práticas

Antes de planejar uma aula teórica e uma aula prática, é preciso defini-las. Uma **aula teórica** não se baseia na simples exposição de ideias e conhecimentos sobre determinado assunto. Para garantir a participação do aluno como ator de seus objetivos, o professor deve propor o que é conhecido como *teorização*, de modo que o estudante consiga refletir por conta própria sobre determinado problema, mesmo que mediante um material de apoio ou uma pesquisa. Já a **aula prática** deve permitir o contato com a realidade, sendo utilizada tanto para a observação quanto para a aplicação na realidade.

Salientamos que esses dois modelos devem caminhar juntos, no sentido de que um complementa o outro e, muitas vezes, podem mesclar-se em uma única aula. Por exemplo, para que o processo de teorização ocorra em uma aula teórica é necessário prepará-la e planejá-la com muito critério, adotando-se: a concepção do professor como um orientador; a apresentação da solução de um problema, que pode ser originada de uma aula prática; uma pesquisa conjunta para essa solução; a teorização e a aplicação, que, novamente, pode envolver uma prática. Já para que o processo de observação e aplicação ocorra em uma aula prática, o professor precisa planejar muito bem as atividades, que envolvem basicamente os mesmos critérios de uma aula teórica, mas com o uso de experimentos e/ou situações que possibilitem a reflexão a propósito da teorização.

Assim, no contexto de aulas cuja proposta seja o ensino por investigação ou experimentação, essa articulação entre teoria e prática ocorre naturalmente. Nessa metodologia, a proporção entre aulas teóricas e práticas varia de acordo com o contexto introduzido na disciplina, o uso de concepções alternativas, a inclusão do contexto social da disciplina etc.

Essa flexibilidade nas formas, nas maneiras e nos conteúdos que serão discutidos em uma mesma disciplina exige uma consistente preparação do professor, seja para romper os paradigmas de que ele ensina e o aluno aprende – existentes em si próprio, no aluno, na escola e na sociedade –, seja para dominar a interdisciplinaridade de cada conteúdo. Nesse modelo de ensino, o educador necessita ir além de sua zona de conforto e abranger várias outras disciplinas, para que determinado conteúdo se insira no contexto de uma atividade investigativa. Além disso, conhecer as temáticas por diversas perspectivas possibilita responder a questionamentos dos mais simples – fundamentados em perguntas mais gerais, mas que envolvem grande conhecimento para as respostas, por exemplo "O que é força?" – até os mais complexos – os quais, por serem específicos, são mais fáceis de explicar e para os quais os professores, erroneamente, dedicam a maior parte do seu tempo, por exemplo "Como atua a força de atrito?".

Radiação residual

- **Planejamento sistêmico**
  - Planejamento
  - Sistema
    - Sistema aberto
      - Insumos (*input*)
      - Produtos (*outputs*)
      - Realimentações (*feedbacks*)
- **Domínios da aprendizagem humana**
  - Cognitivo ou intelectivo

- Conhecimento
- Habilidades intelectuais
- Afetivo ou valorativo
  - Receptividade
  - Resposta
  - Valorização
  - Organização
  - Caracterização
- Motor

- **Objetivos**
  - Comportamento
  - Desempenho
  - Realização

- **Educação contextualizada**
  - Inserção da sociedade no sistema
  - Concepções alternativas

- **Ensino por competência**
  - Aprendizagem personalizada
    - Atenção focada no aluno
    - Tempo variável
  - Objetivo claro

- **Ensino por investigação**
  - Professor como orientador
  - Interdisciplinaridade
  - Aulas teóricas
    - Solução de problemas

- Pesquisa
- Materiais de apoio
- Teorização
- Aulas práticas
- Observação
- Aplicação
- Experimentação
- Investigação

Testes quânticos

1) De acordo com Procópio Belchior, em sua obra *Planejamento e elaboração de projetos* (1972), o planejamento é composto por uma série de fases, entre as quais encontra(m)-se:
   a) definição e equacionamento preliminar do problema.
   b) fixação da aprendizagem.
   c) intuição.
   d) discussão das propostas
   e) reafirmação.

2) Qual dos itens a seguir faz parte do planejamento sistêmico de ensino?
   a) Oferecer ao aluno o conteúdo completo de uma disciplina.
   b) Conduzir o ensino voltado à resolução de problemas e exames.
   c) Preparar o aluno para que ele possa atuar em todas as profissões possíveis.

d) Respeitar a criatividade e a liberdade do aluno para que ele alcance sua meta de formação.

e) Focar no ensino separado por áreas de conhecimento para o devido aprofundamento.

3) Aplicando o conceito de sistema no contexto da educação, é correto associar:
   a) os insumos com os conhecimentos gerados.
   b) os produtos com os alunos.
   c) os produtos com as mudanças nos insumos.
   d) os insumos com as ferramentas para mudar o produto.
   e) os insumos com os avanços culturais.

4) Nas definições de aulas teóricas e práticas e nas suas relações, pressupõe-se que:
   a) uma aula teórica baseia-se na exposição de ideias e conhecimentos sobre determinado assunto.
   b) o aluno deve ser estimulado a ser ator de seus objetivos.
   c) deve-se apresentar as visões do professor sobre determinado problema.
   d) a aula prática serve para verificar a validade de uma teoria.
   e) na aula prática, os alunos devem seguir o mesmo roteiro preparado pelo professor.

5) Em aulas baseadas nas propostas de ensino por investigação ou experimentação ocorre naturalmente a articulação entre:
   a) grupos da sala.
   b) fixação e aprendizagem.
   c) aula tradicional e aula não convencional.
   d) teoria e prática.
   e) os papéis do aluno e do professor.

Interações teóricas

Computações quânticas

1) Qual seria o papel da interdisciplinaridade no contexto do planejamento sistêmico? É possível que o professor realize esse tipo de planejamento sozinho?

2) Considerando o ensino por competência no planejamento de aulas práticas, como incentivar todos os alunos a realizarem as atividades?

Relatório do experimento

1) Proponha um roteiro de uma atividade para ensino por investigação, abrangendo:
   - o incentivo ao aluno;
   - o objetivo da aula;
   - a inserção do conteúdo no meio social;
   - a relação entre prática e teoria.

Novas perspectivas didáticas para o ensino de Física

2

Primeiras emissões

Neste capítulo, daremos sequência a nossas reflexões sobre aplicações sistêmicas no planejamento de atividades de ensino, focando, contudo, em propostas metodológicas para o ensino de Ciências, em especial o de Física. Em nossa perspectiva, consideraremos o dia a dia dos atores que participam do processo de ensino-aprendizagem, sua bagagem conceitual e sua força de vontade como elementos que servem de estímulo a esse processo.

2.1 As perspectivas de Popper, Kuhn e Bachelard

Para muitos, a ciência ainda tem um caráter puramente positivista, no qual o empirismo e a busca pela verdade absoluta da natureza regem o crescimento e a ordem de uma sociedade, ou mesmo de uma nação. Basta lembrar que o lema da bandeira nacional, "ordem e progresso", é pautado nas ideias mais básicas do positivismo.
No início do século XIX, eram dominantes as concepções que pregavam o empirismo, a ciência como racionalidade e verdade absoluta comprovada pelos fatos científicos.

    No entanto, alguns pensadores como Karl Popper e Gaston Bachelard introduziram noções que colocaram em xeque o positivismo. Estes são considerados os filósofos da ciência moderna, ou pós-moderna. Suas propostas rompiam com o caráter de certeza da ciência e inseriam o observador como agente com o poder de discussão e emoção na pesquisa científica.

Em outras palavras, por meio do pensamento de Popper, a ciência deixou de ser considerada uma verdade absoluta e neutra, na medida em que se baseia em fatos e resultados colhidos por um observador humano. Este tem certo grau de conhecimento e discernimento, mas, por suas limitações, gera resultados tendenciosos de acordo com suas crenças. Assim, a ciência passou a incorporar a discussão e a contestação a sua base, de modo que o conhecimento se tornou algo em constante evolução, sendo necessariamente substituído, em busca de uma verdade mais completa e realista, por assim dizer.

Já Bachelard (1978) tratou da ruptura da ciência como senso comum e verdade absoluta. Ele concebeu a ciência como algo fluido, que deve ser constantemente moldado com base na revisão de conceitos e fatos observáveis, os quais, por sua vez, são tratados como construções racionalistas do observador.

No mesmo contexto de pensamento, enquadram-se as ideias de Thomas Kuhn, que toma a ciência por um viés mais sociológico. Em sua perspectiva, os resultados científicos não guardam em si uma lógica universal, mas são escritos com base em observações de membros de uma comunidade científica, cujos valores e ideias são compartilhados entre eles e não entre a sociedade de maneira universal. Assim, para Kuhn (1997), a pesquisa científica é baseada em três conceitos fundamentais:

1. **Paradigma** – As pesquisas científicas são orientadas e estruturadas por um paradigma, isto é, por uma visão de mundo que, sendo geral, inclui não só a teoria científica dominante, mas também princípios filosóficos, determinada concepção metodológica, leis e procedimentos técnicos padronizados para resolver problemas.

2. **A ciência normal e a ciência extraordinária** – Durante a ciência normal, a comunidade científica trabalha orientando-se pelo paradigma estabelecido, incluindo novos fenômenos em teorias consolidadas, ignorando de diversas maneiras suas inquietações e questionamentos acerca da veracidade e da abrangência de tal paradigma. Contudo, a existência do que se denomina *anomalias*, situações que não se enquadram nos paradigmas vigentes, gera uma crise científica, conhecida como *ciência extraordinária*.

3. **Revolução científica** – Ao conjunto de anomalias que devem ser explicados devem ser aplicados novos paradigmas, que, ao serem impostos em uma sociedade, tornam-se os novos regentes do conhecimento, de modo que toda a teoria deve ser enquadrada nos novos conceitos.

Assim, de acordo com esses pensadores, nota-se claramente que a ciência não deve ser encarada como absoluta e incontestável. Além disso, é preciso se desvencilhar da concepção da ciência como algo inatingível e digno somente de pensadores renomados.

Os valores de uma sociedade, chamados aqui de *senso comum*, devem ser considerados e usados para questionar os paradigmas instaurados como verdades absolutas.

Esse esclarecimento pode ser aplicado, analogamente, à prática docente, encarando-se a metodologia clássica de ensino como um paradigma científico no qual professor corresponde a um cientista empírico que apenas repassa seus conceitos e classifica novos resultados, anomalias, em paradigmas remodelados, mas não atualizados desde seu princípio. Nesse modelo, não há abertura para novas discussões ou reformulações científicas. Tudo deve ser rotulado em conformidade com modelos históricos, pré-estabelecidos, e deve ser conferido a alguns privilegiados o poder de discussão.

Mostra-se muito mais proveitosa uma nova proposta de ensino, na qual se estenda a discussão para todos os integrantes de uma sala de aula. Nesta, conceitos do senso comum podem ser analisados e, se plausível, podem servir de base para um novo pensamento científico, passível de ruptura em qualquer momento. Oferecer aos alunos a instrução necessária, ao mesmo tempo que se permite uma abertura para discussões e novas ideias parece corresponder ao movimento científico adequado para o atual contexto de uma sala de aula.

2.2 Transposição didática

Como levar os alunos a se interessarem por determinado assunto, de modo que possam discutir e formular novos conceitos sobre ele? Para isso costuma-se empregar a chamada *transposição didática*: o professor deve auxiliar o aluno a reconhecer, ou identificar, os saberes que já detém acerca do novo assunto abordado, bem como deve auxiliá-lo a pôr em prática esses conhecimentos. Assim, o docente torna-se, inicialmente, um **incentivador** e, em seguida, um **mediador** da discussão, passando do papel de detentor absoluto do conhecimento para o de promovedor da construção da base de novas ideias.

Para isso, o professor deve sempre repensar seus planos de ensino e seus objetivos de estudo de acordo com a sua turma e o contexto da disciplina. Segundo Mello, Grellet e Dallan (2004, p. 59-60), a transposição didática ocorre quando:

- o conteúdo é selecionado ou recortado de acordo com o que o professor considera relevante para constituir as competências consensuadas na proposta pedagógica;
- alguns aspectos ou temas são mais enfatizados, reforçados ou diminuídos;
- o conhecimento é dividido para facilitar a sua compreensão e depois o professor volta a estabelecer a relação entre aquilo que foi dividido;
- o conteúdo é distribuído no tempo para organizar uma sequência, um ordenamento, uma série linear ou não linear de conceitos e relações;
- forma de organizar e apresentar os conteúdos é adotada.

A inserção de um conteúdo novo em uma aula ou em um planejamento não é tão simples quanto se imagina, pois não se baseia em meramente acrescentar um novo capítulo de livro ou apostila, mas demanda pensar, inicialmente, como a discussão pode envolver o aluno. A transposição didática permite que o estudante faça parte do processo de aprendizado como um ser ativo, estando apto a romper paradigmas lançando mão de concepções alternativas, em consonância com as ideias da ciência moderna ou pós-moderna.

Cabe ao educador, mediante a transposição didática, possibilitar que as concepções alternativas ou o senso comum funcionem como ponto inicial para trabalhar certos conteúdos. A partir daí, o professor estimula os debates e constrói o que se chama de *ciência*.

As aulas não devem servir para analisar se as concepções alternativas estão incorretas ou se apresentam limites de validade; o objetivo é que elas fomentem discussões que possibilitem tal análise. Assim, uma transposição didática adequada pode auxiliar o aluno a verificar a veracidade ou o limite de validade de suas concepções, reformulando-as com base no conhecimento coletivo agregado dentro da sala de aula.

2.3 Movimento das concepções alternativas

As concepções alternativas, ou concepções intuitivas, que os estudantes apresentam em qualquer nível de ensino – sobretudo em disciplinas de ciências naturais como Física, Química e Biologia –, são importantes ferramentas de aprendizagem, devendo ser usadas pelos professores em seu ambiente escolar, de modo que as metodologias estratégicas para a solução delas façam parte dos planejamentos desses professores.

Tais concepções alternativas fazem parte dos conhecimentos agregados do aluno e são usadas para explicar boa parte dos fenômenos que os cercam. Estas são formadas de modo espontâneo por meio das relações do estudante com os colegas, com diversos ambientes e com a sociedade, representando uma enorme bagagem sistêmica. Desse modo, sua presença em situações experimentais ou de investigação, capazes de levar à teorização de um conteúdo, é indiscutível e inevitável.

Com base em Cavellucci (2010), Krause e Scheid (2018, p. 230) apontam que as características das concepções alternativas, por eles indicados pela sigla CAs, são:

a. representações subjetivas: as CAs possuem natureza pessoal; cada indivíduo interioriza a sua experiência de um modo próprio, e as CAs são influenciadas, mas não ditadas, por contribuições do meio;

b. **natureza estruturada**: as CAs são constituídas como uma estrutura organizada de conhecimentos solidários, de simples e isolados para gerais e complexos;

c. **dotados de certa coerência interna**: as CAs são sentidas pelos alunos como sensatas, coerentes e úteis; considerando seus modelos de pensamento, têm um valor significativo;

d. **esquemas mutuamente inconsistentes**: os alunos usam diferentes CAs para interpretar situações que exigiriam a mesma explicação e CAs iguais para interpretar situações que exigiriam diferentes explicações;

e. **esquemas que fazem lembrar modelos históricos da ciência já ultrapassados**: utilizam-se de conceitos já tidos como corretos pela ciência;

f. **esquemas resistentes a mudanças e persistentes**: as CAs têm um caráter regressivo.

Caso exerçam uma forte influência na aprendizagem, as concepções possibilitam resultados, muitas vezes, satisfatórios. Contudo, para que assimilem que suas concepções estão, de certa maneira, inadequadas em relação aos fatos científicos, os alunos precisam sentir-se inquietos perante elas e com as mudanças que devem sofrer para que determinado assunto seja compreendido. Nesse contexto, o professor, que atua como orientador, deve ser capaz de detectá-las e usá-las de forma a reverter ou readequar o conceito já formulado de dado fenômeno. Assim, cabe ao docente mostrar as limitações dessas concepções e gerar, nos estudantes, insatisfações em relação a elas, além de promover a interação com as novas informações com potencial significativo para mudanças.

Em estudos recentes, Krause e Scheid (2018) mostraram que a presença de concepções alternativas no ensino superior é marcante, e que, em um período de oito anos de investigação, pouco mudou no que se refere a seu conteúdo e à argumentação dos alunos. Isso revela seu grande potencial e expõe como estão enraizadas nos estudantes e na sociedade. Em virtude disso, é importante uma abordagem sistêmica nos planejamentos. Os autores propõem que essas concepções sejam abordadas na educação básica, tal que, no ensino superior, já estejam desmistificadas. A proposta dos pesquisadores não se concentra no abandono e na negação de tais concepções, mas na mudança de paradigmas que o professor orientador pode suscitar. A inserção do aprendizado significativo por concepções alternativas vem ao encontro de toda a proposta de planejamento sistêmico e das propostas científicas modernas, sendo, portanto, uma peça fundamental na educação contemporânea.

2.4 Problematização em Física

É muito comum no final de cada capítulo dos livros didáticos de Física constar uma série de exercícios propostos sob o título "Problemas". Tais atividades envolvem aplicações repetitivas das mesmas equações em situações ligeiramente diferentes e fogem, na verdade, da aplicação adequada de uma metodologia científica esperada. O estudante é, então, levado a uma aprendizagem mecânica e pouco fundamentada.

Trabalhos de pesquisa científica, que envolvem observações, investigações, suposições, teorizações e previsões, semelhantes às de laboratórios, mostram-se muito mais atrativos no ensino de ciências que os métodos tradicionais baseados em listas de exercícios e resoluções de problemas. Entende-se por trabalhos de pesquisa não somente atividades laboratoriais, que envolvem equipamentos, mas também aquelas realizadas em sala de aula, como estudos de caso e situações-problemas. Essas atividades, diferentemente das tradicionais, sempre devem ser acompanhadas de situações problematizadoras, questionadoras, que motivem o diálogo e a introdução de novos conceitos, de modo que, além de criar inquietações nas concepções alternativas dos alunos, levem ao aprendizado do novo e à interação entre os estudantes.

Conforme Moreira (1983b), a resolução de problemas investigativos deve promover a interação do aluno com o ensino, mobilizando ações que levem a trabalhos práticos, como reflexões, discussões, explicações e relatos. De acordo com Cleophas (2016, p. 272), o uso de atividades investigativas para a compreensão de conceitos deve:

a. Apresentar situações problemáticas abertas;
b. Favorecer a reflexão dos estudantes sobre a relevância e o possível interesse das situações propostas;
c. Potencializar análises qualitativas, significativas, que ajudem a compreender e acatar as situações planejadas e a formular perguntas operativas sobre o que se busca;
d. Considerar a elaboração de hipóteses como atividade central de investigação científica, sendo este processo capaz de orientar o tratamento das situações e de fazer explícitas as preconcepções dos estudantes;
e. Considerar as análises, com atenção para os resultados (sua interpretação física, confiabilidade etc.), a partir dos conhecimentos disponíveis, das hipóteses manejadas e dos resultados das demais equipes de estudantes;
f. Conceder uma importância especial a memórias científicas que reflitam o trabalho realizado e possam ressaltar o papel da comunicação e do debate na atividade científica;
g. Ressaltar a dimensão coletiva do trabalho científico, por intermédio de grupos de trabalho, que interajam entre si.

Um dos aspectos mais importantes das atividades investigativas é a nova atribuição de papéis dentro da sala de aula. Nesse caso, o professor deve portar-se como um orientador, um guia que conduz os grupos ou os próprios estudantes na construção do conhecimento. Assim, ele exerce um importante papel de questionador e estimulador da argumentação, bem como da interação entre os alunos. Estes, por sua vez, são os verdadeiros responsáveis por seu aprendizado. Cabe a eles realizar o estudo, a investigação, as suposições e as conclusões sobre o processo investigativo.

Outra característica importante é o fato de as atividades investigativas serem pautadas no coletivo e na colaboração mútua para a construção do conhecimento. A **interação social** não serve somente para criar um espírito de coletividade no ambiente escolar, mas também para que os estudantes discutam e percebam os limites das mais diferentes concepções alternativas. Nesse caso, o professor assume o papel de mediador dos grupos.

Como exemplos dessas atividades, estimuladoras das interações entre alunos e da independência parcial – pois dependem do professor como guia para que não se afastem dos pressupostos científicos –, é possível elencar várias práticas que podem ser realizadas em sala de aula: demonstrações investigativas (demonstrações de experimentos); laboratório aberto (busca por soluções por meio de uma experiência); questões e problemas abertos.

2.5 Experimentação em Física

Até este ponto do livro, abordamos o ensino por investigação e a mudança de foco do professor para o aluno, indicando que é este quem busca e constrói seu conhecimento. Além disso, tratamos essas ideias como inovadoras, consistindo em metodologias atuais e com conceitos modernos de ensino-aprendizagem. Contudo, a aprendizagem por descoberta, ou ensino por investigação, foi recomendada para a ciência entre o final do século XIX e a primeira metade do século XX, por John Dewey, principalmente em seu livro *Logic: The Theory of Inquiry*, publicado em 1938 (Zômpero; Laburú, 2011).

Nessa obra, Dewey descreveu que, no ensino por investigação, o aluno precisa buscar soluções para os problemas sociais usando o conhecimento científico, ou seja, de certo modo, também introduziu conceitos sistêmicos na educação. Em suas proposições, o estudante teria uma liberdade maior para escolher de que maneira iria adquirir o conhecimento sobre determinado conteúdo, pois ele próprio buscaria meios para isso. Nessa perspectiva, a participação do professor não se restringe a guiar os alunos para que essa busca por conhecimento seja satisfatória e proveitosa, ela compreende também oferecer os conteúdos básicos para a construção do conhecimento.

Diferentemente das metodologias utilizadas em aulas tradicionais, o ensino por investigação exige uma mudança conceitual e comportamental tanto do aluno quanto do professor. Dessa forma, este colabora para que aquele tenha um papel mais ativo no processo de aprendizagem, valorizando seus conhecimentos prévios, chamados também de *subsunçores*. Esses conhecimentos são agregados ao novo, ou seja, ao conhecimento científico apresentado pelo docente; em seguida, o discente formula seu próprio conhecimento mediante o processo denominado *reconciliação integrada*.

    Além disso, o professor é o responsável por conduzir a aula e organizar a divisão de grupos, de modo que os alunos com maior nível de conhecimento – ou mais dedicados – fiquem em equipes diferentes, facilitando a disseminação do conhecimento. Também compete a ele, durante as atividades investigativas, descobrir quais alunos conseguem realizar as tarefas sozinhos e quais ainda não, bem como compreender essas diferenças; afinal, jamais um estudante conseguirá realizar algo se não dispor de conhecimentos prévios para isso. Em suma, o planejamento de uma atividade investigativa em que o professor atue como mediador deve envolver procedimentos que todos os alunos sejam capazes de realizar, mesmo que alguns demonstrem ter maior facilidade do que outros. Note que o papel do educador não só passa por mudanças significativas em sua funcionalidade; nesse modelo, o docente tem atribuições muito mais complexas do que no ensino tradicional. Isso requer não somente o domínio do conhecimento, mas também uma leitura comportamental dos discentes durante as atividades.

As atividades experimentais investigativas podem ser de verificação ou de demonstração. Ambas trabalham com o mesmo nível de aprendizagem, quando conduzidas da forma correta. A diferença consiste no fato de que, na atividade experimental de demonstração, o professor executa o experimento e demonstra aos alunos seus resultados. Isso não significa, porém, que estes sejam meros espectadores, já que essas práticas devem ser conduzidas de modo investigativo, seja lançando questionamentos sobre as concepções alternativas, seja refletindo sobre os resultados da atividade em si. Assim, possibilita-se que os estudantes levantem hipóteses e argumentem sobre os meios para chegar a uma conclusão. Essas experimentações despertam e fortalecem as relações que os alunos estabelecem com materiais, procedimentos experimentais, colegas e professor.

Por conseguinte, espera-se que trabalhar com atividades investigativas em sala de aula torne o ensino mais prazeroso e proveitoso tanto para os estudantes quanto para os professores, já que elas permitem a equilíbrio e a articulação entre aulas práticas e teóricas para cada conteúdo, quebrando a rotina de uma sala de aula. Todavia, entende-se que essa dosagem deve ser administrada pelo próprio aluno, usando parâmetros como o conhecimento prévio ou até mesmo suas concepções alternativas. Durante a execução de atividades investigativas, deve haver uma etapa de argumentação, na qual o aluno possa expressar o conhecimento adquirido, teorizar, levantar hipóteses e formular suas conclusões.

Diversos conteúdos da ementa da disciplina de Física podem ser integrados ao ensino experimental investigativo, com a possibilidade de estimular no estudante o prazer pelo estudo. Atividades práticas são ferramentas facilitadoras na compreensão das ciências da natureza. Nesse sentido, sua utilização contribui para associar a teoria ao mundo real, aumentar a capacidade de observação, facilitar a compreensão conceitual, estimular o interesse pela Física e auxiliar as aulas teóricas (Moreira, 1983a). Para isso, por mais simples que seja o experimento realizado, deve-se atentar para que este se relacione com o mundo real, com o cotidiano e com o ambiente social em que o aluno se encontra. Além disso, é fundamental compreender os objetivos de tais atividades e resolvê-las com base no conhecimento científico.

2.6 A sala de aula invertida

Um dos mecanismos para tornar as atividades investigativas uma rotina nas salas de aula é o que se denomina *sala de aula invertida*. Trata-se de um modelo idealizado por Jonathan Bergmann e Aaron Sams (Brunsell; Horejsi, 2011), por meio de suas verificações em sala de aula. A dupla procedeu à gravação de vídeos com os conteúdos das aulas e a sua disponibilização em repositórios *on-line*; com isso, esses professores notaram grande interesse dos alunos. Propuseram, então, que assistir a esses materiais fosse atividade realizada como dever de casa. Consequentemente, o tempo da aula seria destinado às dúvidas e aos questionamentos acerca de conceitos que não compreenderam após assistirem aos vídeos. Assim, o que, geralmente, era realizado em sala de aula passou a ser feito em casa e o que era destinado a ser realizado em casa começou a ser feito na sala de aula.

Numa aula em que se adota essa metodologia, os primeiros minutos são destinados a uma conversa sobre o que foi estudado, os alunos expõem suas dúvidas e o professor esclarece-as. Por esse método, o docente também deixa de ser transmissor de conhecimentos para tornar-se um orientador. Já o estudante passa a ter uma responsabilidade maior em suas atividades, levantando suas próprias dúvidas, tentando saná-las com o material disponibilizado, buscando novos materiais e/ou levando-as para o contexto da aula posterior.

O modelo de atividades investigativas para o ensino, incluindo o de Física, integra-se muito bem à proposta da sala de aula invertida. O professor, sendo o orientador experimentador, usa as investigações para sanar dúvidas e levantar novos questionamentos, que instigam os estudantes a aprofundar seus estudos fora do ambiente escolar. Muitas vezes, torna-se necessário extrapolar o uso restrito do livro didático. Cabe, ainda, ao educador guiar o estudante em suas pesquisas, não somente lhe oferecendo palavras-chaves para usar em ferramentas de busca, mas também confirmando se o aluno detém o conhecimento necessário para desenvolver um olhar apurado e crítico para selecionar informações legítimas e importantes.

2.7 Propostas de atividades didáticas

Nos próximos capítulos, orientaremos a montagem de um laboratório móvel, que pode ser transportado pelo professor para diferentes salas de aula e usado em diversos contextos, para a realização de atividades didáticas de investigação – com caráter de experimentação ou de demonstração. As propostas serão baseadas na elaboração de experimentos com materiais de baixo custo, ficando a cargo do experimentador a escolha de seu tipo, de sua marca e de sua qualidade. Para as práticas, não serão necessários equipamentos individuais por aluno – visto que se pretende estimular atividades colaborativas –, nem espaços específicos ou laboratórios, pois os experimentos apresentam execuções fáceis e seguras para a sala de aula, desde que com a supervisão de responsáveis.

Para cada agrupamento didático, apresentaremos um laboratório cujos experimentos serão usados nas sequências didáticas, descritas logo em seguida. Em cada uma dessas sequências, contemplaremos atividades investigativas de demonstração, experimentação e que apliquem o modelo da sala de aula invertida. Em algumas, proporemos o uso de simuladores, vídeos e outras mídias digitais, ficando a cargo do professor seguir as indicações ou pesquisar outras mídias que lhe sejam mais convenientes. Variações do modelo proposto em cada sequência podem, e devem, ser realizadas para diferentes contextos de aplicação.

Radiação residual

- **Filosofia da ciência moderna ou pós-moderna**
    - Karl Popper
        - Ciência em constante discussão e evolução
        - A posição do cientista não é neutra nem inquestionável
    - Gaston Bachelard
        - Ciência como algo fluido
        - Fatos observáveis como construções racionalistas
    - Thomas Kuhn
        - Paradigma
        - Ciência normal e ciência extraordinária
        - Revolução científica

- **Transposição didática**
  - Conhecimento prévio do aluno
    - Concepções alternativas ou intuitivas
      - Representações subjetivas
      - Natureza estruturada
      - Algum grau de coerência interna
      - Esquemas mutuamente inconsistentes
      - Esquemas semelhantes a modelos ultrapassados da ciência
      - Esquemas resistentes a mudanças
  - Abordagem sistêmica
  - Aprendizado significativo
  - Aluno como agente do processo de ensino-aprendizado
  - Conhecimento coletivo construído na sala de aula
- **Ensino baseado em pesquisa**
  - Estudos de caso
  - Situações-problema
  - Diálogo
  - Introdução de novos conceitos
- **Ensino por investigação**
  - Professor como orientador e mediador de grupos
  - Estudo coletivo e colaboração mútua
  - Atividades investigativas

- Verificação
- Demonstração
- Laboratório aberto – busca por soluções mediante experiência
- Questões e problemas abertos
- Reconciliação integrada
  - Subsunçores + conhecimento científico
- **Sala de aula invertida**
  - Professor orientador
  - Aluno com maior responsabilidade e liberdade na construção do conhecimento

Testes quânticos

1) Considerando as ideias de Karl Popper, qual foi o principal motivo que levou a ciência a deixar de ser considerada uma verdade absoluta e neutra?
   a) Mudanças nos fatos observacionais.
   b) Mudanças na linha de raciocínio.
   c) Influências do observador.
   d) Influências do meio.
   e) Inserção de um maior número de referências.

2) A ciência não deve ser encarada como absoluta e incontestável, e sim como algo possível.
   É recomendável, por essa razão, questionar os paradigmas instaurados como verdades absolutas.
   Qual dos itens a seguir pode contribuir para

questionar os paradigmas científicos considerados verdades absolutas?
a) Ordem e progresso.
b) Senso comum.
c) Persuasão.
d) Reforços positivos.
e) Empirismo clássico.

3) Oferecer aos alunos a instrução necessária, ao mesmo tempo que se permite uma abertura para discussões e novas ideias, inclusive aquelas oriundas do senso comum, corresponde a:
a) um movimento alternativo de ensino baseado no empirismo.
b) ações científicas com cunho experimental.
c) um movimento científico que pode ser inserido em sala de aula.
d) ações que buscam a retomada do senso comum.
e) ações baseadas em reforços positivos.

4) Com base em Cavellucci (2010), Krause e Scheid (2018) entendem que as concepções alternativas:
a) são representações subjetivas de natureza estruturada.
b) têm caráter geral e são baseadas na construção do coletivo.
c) não têm valor significativo agregado, já que são alternativas.

d) consistem em esquemas que permitem buscar conceitos modernos da ciência.

e) são esquemas metamórficos de acordo com a evolução da ciência.

5) A interação social serve para criar um espírito de coletividade no ambiente escolar, mas:

a) tem pouca influência na formulação das concepções alternativas.

b) tem muita influência na formulação das concepções alternativas.

c) tem considerável influência na formulação das concepções alternativas.

d) tem média influência na formulação das concepções alternativas.

e) não tem nenhuma influência na formulação das concepções alternativas.

Interações teóricas

Computações quânticas

1) Qual é o papel da reconciliação integrada no ensino por investigação?

2) Quais são os dois tipos de atividades investigativas? Comente suas semelhanças e diferenças.

Relatório do experimento

1) Retome o roteiro elaborado na seção "Relatório do experimento" do Capítulo 1. Descreva como o modelo da sala de aula invertida pode ser inserido nele.

Projetos e experimentos didáticos para ondulatória

3

Primeiras emissões

Dedicaremos este capítulo à uma abordagem simplificada e direta das oscilações, incluindo suas classificações e representações. Evidenciaremos, também, a abrangência e a importância desse tema para a física. Quando se faz referência à física ondulatória, é muito comum que se pense apenas no movimento mecânico de ondas. Contudo, ao analisarmos mais a fundo, percebemos que diversos outros fenômenos físicos, entre eles a óptica, tratam de ondas e oscilações em sua teorização. Além disso, apresentaremos possibilidades de montagem de um laboratório móvel para atividades investigativas, englobando experimentos sobre pêndulos simples, ressonância, ondas em cordas e interferências de ondas.

3.1 Ondas e oscilações

O que na física se entende por *oscilações*? E por *ondas*?

É comum, em situações cotidianas, utilizar-se o termo *onda*, como em *ondas do mar*; *ondas de terremoto*; *ondas de rádio* (estação de rádio, hertz). Todavia, na verdade, pessoas comuns pouco sabem o que as caracteriza, como são seus movimentos, como é sua forma, ou, ainda, qual é sua equação de movimento. Começamos, então, apresentando definições com a mais simples concepção de onda, por meio da noção de **movimento periódico**:

ida e vinda/vai e volta → movimento periódico

Uma **onda** surge quando um meio qualquer é perturbado e essa perturbação se propaga, retirando-o do equilíbrio em que se encontrava. As ondas são capazes de transportar energia e quantidade de movimento de um local a outro, sem a necessidade de transportar matéria (Tipler; Mosca, 2009).

Nesses movimentos, o tempo necessário para uma **oscilação** completa, isto é, para que ocorra um ciclo ou uma ida e vinda completa, é chamado de *período*.

T → período = tempo para uma oscilação completa, medido em segundos (s).

Já o número de oscilações realizadas em 1 s é conhecido como *frequência*. Esta pode ser definida como o inverso do período.

Frequência → $v = \dfrac{1}{T}$

A frequência é expressa pela unidade hertz (Hz). Um hertz é uma oscilação realizada em 1 segundo, 1 Hz = $1s^{-1}$.

Graficamente, representa-se uma oscilação com uma função que possua um máximo, um mínimo e zeros – quando centralizada em um eixo. Nos casos mais simples, todos esses pontos são periódicos e constantes, ou seja, repetem-se nos mesmos intervalos de tempo ou no mesmo período (T). Para a representação de tais oscilações segundo o tempo, as funções trigonométricas, de seno e cosseno, mostram-se ideais, conforme ilustra a Figura 3.1.

Figura 3.1 – Representação gráfica de uma posição oscilando em função do tempo

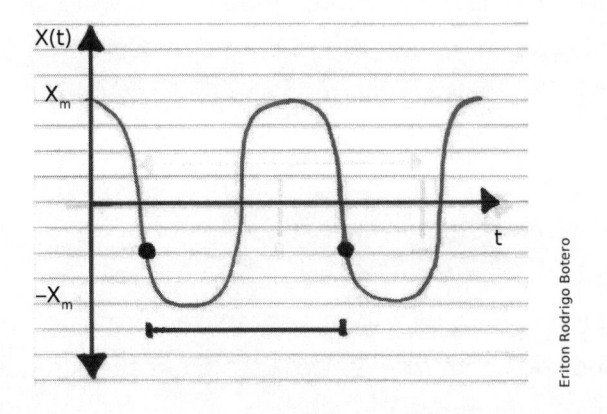

A figura mostra que dois pontos sequenciais para um mesmo valor da posição apresentam o mesmo período. Se focado somente o eixo da posição, como na Figura 3.2, vê-se o ponto deslocando-se de um extremo a outro da posição (x_m) e passando pelo zero.

Figura 3.2 – Representação gráfica do eixo das posições em função do tempo para uma oscilação centralizada no eixo x

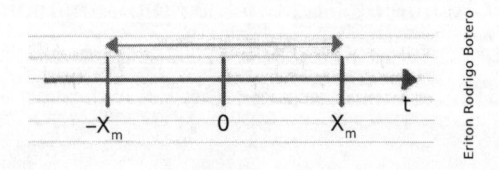

Se, para representar uma oscilação de maneira gráfica, faz-se uso de funções trigonométricas (seno e cosseno), uma oscilação também pode ser escrita algebricamente em termos dessas funções. A escolha da função seno ou da cosseno para a representação de uma oscilação não é puramente arbitrária. Embora ambas representem uma oscilação entre os mesmos valores máximos e mínimos, a condição inicial de cada uma difere. Em termos práticos, diz-se que uma função seno tem o início no *zero* (ponto nulo mínimo da oscilação), ao passo que a função cosseno tem início no *máximo* (ponto máximo da oscilação).

A noção de fase fixa (φ) corresponde à indicação da condição inicial de um movimento. Por exemplo, o valor de φ é zero para uma oscilação escrita por uma função cosseno iniciando seu movimento no ponto máximo. Se, em vez disso, ela iniciasse seu movimento no ponto mínimo da oscilação, seria necessário escrever φ com um valor igual a $\pi/2$ rad (90°), o que equivaleria a descrever o movimento usando uma função seno, sem a adição de fase. Logo, as funções seno e cosseno representam a mesma oscilação, porém se distinguem em virtude da diferença de $\pi/2$ rad entre os valores de suas fases φ.

Figura 3.3 – Representação algébrica de uma oscilação usando uma função cosseno

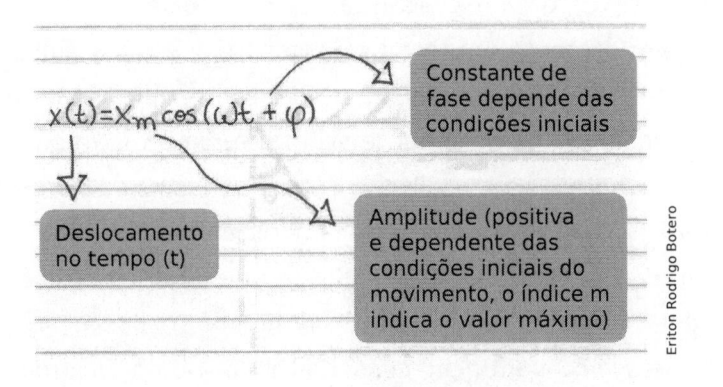

$x(t) = x_m \cos(\omega t + \varphi)$

- Constante de fase depende das condições iniciais
- Deslocamento no tempo (t)
- Amplitude (positiva e dependente das condições iniciais do movimento, o índice m indica o valor máximo)

Se, para um período T, o movimento volta a sua condição/posição inicial e a fase φ é zero, ou seja, não há constante de fase, a função corresponde à Equação 3.1.

Equação 3.1

$$x(t) = x(t + T)$$

$$x_m \cos(\omega t) = x_m \cos((\omega(t + T))$$

$$\cos(\omega t) = \cos(\omega t + \omega T)$$

Pela análise da função cosseno, tal repetição só é possível em intervalos de 2π rad. Assim, a igualdade só é válida quando:

Equação 3.2

$$\omega(t + T) = \omega t + 2\pi$$

$$\omega T = +2\pi$$

$$\omega = \frac{2\pi}{T} = 2\pi v$$

em que ω é a frequência angular do movimento.

Lembrete

Por *frequência angular*, entende-se a taxa de repetição de um movimento oscilatório completo, por exemplo, no caso de uma função trigonométrica, seu valor corresponde a 2π rad.

Ao se expressar a posição em função do tempo, a velocidade de uma oscilação pode ser encontrada pela derivada temporal da função posição. Assim obtém-se a Equação 3.3.

Equação 3.3

$$V(t) = \frac{dx(t)}{dt} = \frac{d}{dt}\left[x_m \cos(\omega t + \varphi)\right]$$

$$V(t) = -\omega x_m \, \text{sen}(\omega t + \varphi)$$

Lembrete

A derivada temporal da função posição corresponde à taxa em que a posição espacial do objeto varia no tempo. Quanto maior for essa taxa, maior será a derivada, e, por conseguinte, a velocidade.

E, da mesma maneira, a aceleração pode ser encontrada pela equação a seguir.

Equação 3.4

$$a(t) = \frac{d}{dt} V(t) = \frac{d^2 x(t)}{dt^2}$$

$$a(t) = -\omega^2 x_m \cos(\omega t + \varphi) = -\omega^2 x(t)$$

Conhecida a aceleração, é possível, então, obter a lei da força para uma oscilação, sendo:

$$F = ma \text{ e } a(t) = -\omega^2 x(t)$$

Assim:

Equação 3.5

$$F(t) = -\omega^2 m x(t)$$

Lembremos que a lei de Hooke expressa (Equação 3.6):

Equação 3.6

$$F(x) = -Kx$$

em que K é a constante da mola.

Lembrete

A lei de Hooke consiste em uma relação linear entre força e deslocamento, por meio de uma constante K, chamada *constante da mola*. Contudo, essa força tem um caráter restaurador. Quanto maior for a constante da mola, maior será a força restauradora para o mesmo deslocamento.

Se relacionarmos as Equações 3.5 e 3.6, chega-se à Equação 3.7.

Equação 3.7

$$K = m\omega^2$$

Assim sendo, um sistema massa-mola – uma massa m ligada a uma mola de constante k, sujeita a uma força restauradora do tipo da lei de Hooke – descreve um movimento oscilatório cuja frequência de oscilação pode ser calculada empregando-se a Equação 3.8.

Equação 3.8

$$\omega = \sqrt{\frac{k}{m}}$$

As forças conservativas, que podem ser escritas em termos de uma energia potencial, são descritas conforme a Equação 3.9.

Equação 3.9

$$\vec{F} = -\vec{\nabla}U$$

Lembrete

Forças conservativas são aquelas cujos valores não dependem das trajetórias, mas das posições iniciais e finais, ou seja, são forças presentes em campos conservativos em que não há dissipação.

No caso unidimensional (direção *x*), obtém-se a Equação 3.10.

Equação 3.10

$$F_x = -\frac{dU}{dx}$$

Logo, a energia potencial pode ser calculada conforme a Equação 3.11.

Equação 3.11

$$U(x) = -\int F_x dx$$

Lembrete

Denomina-se *energia potencial* aquela que pode ser armazenada e não necessita de movimento para existir, diferentemente da energia cinética, ou energia do movimento.

Se considerado $F_x = -Kx(t)$, a energia potencial pode ser expressa como na Equação 3.12.

Equação 3.12

$$U(t) = \frac{1}{2}Kx(t) = \frac{1}{2}Kx_m^2 \cos^2(\omega t + \varphi)$$

A energia cinética, por sua vez, pode ser escrita conforme a Equação 3.13.

Equação 3.13

$$T = \frac{1}{2}mv^2$$

Se for substituída a velocidade na Equação 3.13, de acordo com a Equação 3.3 – $V(t) = -\omega x_m \operatorname{sen}(\omega t + \varphi)$ –, obtém-se a Equação 3.14.

Equação 3.14

$$T = \frac{1}{2}m\,\omega^2 x_m^2 \operatorname{sen}^2(\omega t + \varphi)$$

Logo, a energia total é expressa conforme a Equação 3.15.

Equação 3.15

$$E = T + U = \frac{1}{2} m \omega^2 x_m^2 \, sen^2(\omega t + \varphi) \, m \, \omega^2$$

$$E = \frac{1}{2} K x_m^2$$

Um bom exemplo de um mecanismo que executa um movimento de oscilação é o **pêndulo**, cujo movimento é chamado de *harmônico simples* – quando a oscilação ocorre livremente. O pêndulo consiste em uma partícula de massa m, presa a um fio inextensível, de massa desprezível e comprimento L. Na Figura 3.4, há a representação de um pêndulo quando tirado de sua posição de equilíbrio.

Figura 3.4 – Esquema representativo de um pêndulo simples explicitando as componentes das forças existentes

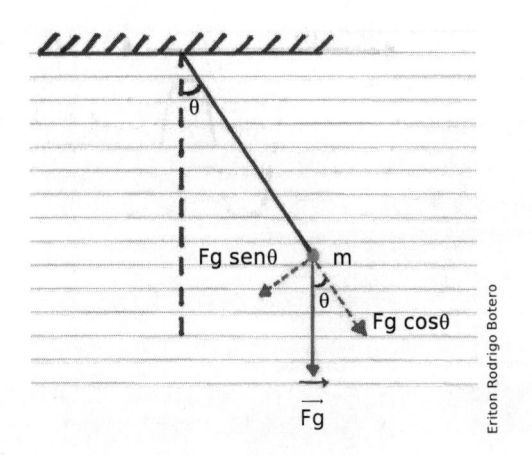

A ação da componente da força gravitacional (força peso), tangencial ao movimento oscilatório, produz um torque restaurador em torno da posição de equilíbrio, isto é, a posição mais baixa do pêndulo. Essa força restauradora, aplicada em um braço de alavanca de comprimento L, que representa o comprimento do pêndulo, gera o que se denomina *torque restaurador*, expresso pela Equação 3.16.

Equação 3.16

$$\tau = -L(F_g \operatorname{sen}\theta)$$

O torque pode ser escrito, ainda, como na Equação 3.17.

Equação 3.17

$$\tau = I\alpha$$

em que *I* é o momento de inércia, e α, a aceleração angular.

Se considerado um valor de θ suficientemente pequeno tal que $\operatorname{sen}\theta \approx \theta$ – garantindo que o movimento está dentro do limite de pequenas oscilações e a força restauradora permanece proporcional ao deslocamento –, chega-se à Equação 3.18.

Equação 3.18

$$-L(mg\,\theta) = I\alpha \rightarrow \alpha = \frac{-L\,mg}{I}\theta$$

Comparando a Equação 3.18 com a equação equivalente da aceleração linear (Equação 3.4), que aponta que a aceleração é proporcional ao deslocamento, mas com sinal oposto, encontra-se a frequência angular do pêndulo, conforme a Equação 3.19.

Equação 3.19

$$\omega^2 = \frac{Lmg}{I} \rightarrow \omega = \sqrt{\frac{Lmg}{I}}$$

Desprezando-se as massas do fio e do pivô, é razoável considerar que toda a massa do pêndulo está concentrada a uma distância L do eixo de rotação (pivô), e o momento de inércia pode ser escrito como na Equação 3.20.

Equação 3.20

$$I = \int r^2 dm$$
$$r = L$$
$$I = L^2 \int dm = L^2 m$$

Lembrete

No sistema rotacional, o momento de inércia equivale à massa no sistema linear, ou seja, trata-se da dificuldade de alterar o estado do movimento.

Fazendo as substituições adequadas, obtém-se a Equação 3.21 para definir a frequência angular de um pêndulo simples sujeito a pequenas oscilações.

Equação 3.21

$$\omega = \sqrt{\frac{g}{L}}$$

Em uma situação mais realística, em que o movimento não ocorre livremente, ou seja, em que estão presentes forças de atrito, o pêndulo tem sua amplitude reduzida, à medida que cada oscilação acontece. Nesse caso, ocorrem oscilações amortecidas, cujo amortecimento pode decorrer, entre outros fatores, da resistência do ar ou da viscosidade de um líquido.

Para os limites de baixas velocidades, considera-se a força de amortecimento (F_a) proporcional à velocidade, conforme a Equação 3.22.

Equação 3.22

$$F_a = -bv$$

em que *b* é uma constante de amortecimento, que leva em conta, entre outros valores, o coeficiente aerodinâmico do objeto.

Lembrete

Baixas velocidades são aquelas consideradas normais para movimentos dos corpos terrestres mais comuns. Para limites superiores, acima de 300 m/s, têm de ser tomadas outras ordens de potência superiores a 2 da velocidade (v^2), e, assim, sucessivamente.

Uma vez que o movimento de um oscilador harmônico pode ser escrito como na Equação 3.23, para um oscilador amortecido, a força resultante (F_R) é a soma da força restauradora e da força de amortecimento (Equação 3.24).

Equação 3.23

$$F_R = -Kx = ma = m\frac{d^2x}{dt^2}$$

Equação 3.24

$$-Kx - bV = m\frac{d^2x}{dt^2}$$

$$-Kx - b\frac{dx}{dt} = m\frac{d^2x}{dt^2}$$

$$m\frac{d^2x}{dt^2} + Kx + b\frac{dx}{dt} = 0$$

A Equação 3.24 consiste em uma equação diferencial de segunda ordem cuja solução corresponde à Equação 3.25.

Equação 3.25

$$x(t) = x_m e^{-\frac{bt}{2m}} \cos(\omega't + \varphi)$$

Desse modo, obtém-se a Equação 3.26.

Equação 3.26

$$\omega' = \sqrt{\frac{K}{m} - \frac{b^2}{4m^2}}$$

Assim, de acordo com os possíveis valores da constante *b*, têm-se diferentes tipos de amortecimentos conforme expressos a seguir:

- **Amortecimento subcrítico**:

$$\left(\frac{b}{2m}\right)^2 < \frac{K}{m}$$

Tal que:

$$\frac{b^2}{4m^2} \ll \frac{K}{m} \rightarrow \omega' \approx \omega$$

Nesse caso, o movimento torna-se praticamente harmônico.

- **Amortecimento supercrítico**:

$$\frac{b^2}{4m^2} > \frac{K}{m}$$

Nessa situação, a raiz quadrada, que descreve a frequência angular, é negativa. Para a solução real da equação, o amortecimento prevalece, resultando em uma redução exponencial do valor da posição em função do ponto de equilíbrio.

- **Amortecimento crítico**:

$$\frac{b^2}{4m^2} = \frac{K}{m}$$

Aqui, a raiz quadrada que descreve a frequência angular tem solução correspondente a zero. Assim, o que resta da equação de movimento é somente o decaimento decorrente do amortecimento, sem oscilação.

Por fim, o caso mais geral acontece quando, além de uma oscilação amortecida, há uma força impulsionadora periódica. Desse modo, o movimento torna-se uma oscilação forçada ressonável, cujas frequências de oscilação de impulso têm papel fundamental na solução da equação do movimento.

Nessas situações, há duas frequências associadas ao sistema:

- **Frequência natural do sistema (ω)**
- **Frequência angular (ω_e)** – associada à força externa impulsionadora (F_e) e expressa pela Equação 3.27.

Equação 3.27

$$F_e = F_0 \cos(\omega_e t)$$

Nesse sentido, pode-se obter a equação de movimento (Equação 3.28), cuja solução é expressa pela Equação 3.29.

Equação 3.28

$$m\frac{d^2x}{dt^2} + F_0 \cos(\omega_e t) + Kx = 0$$

Equação 3.29

$$x(t) = \frac{F_0}{m(\omega^2 - \omega_e^2)} \cos(\omega t + \varphi)$$

Quando $\omega \approx \omega_e$, a amplitude do deslocamento é máxima, o que caracteriza o **estado de ressonância**. Este resulta do fato de todas as estruturas mecânicas terem uma frequência angular natural ou mais. Caso essa estrutura seja submetida a uma força externa cuja frequência angular coincida com uma das suas frequências angulares naturais, ocorrem oscilações resultantes com grandes amplitudes, podendo causar a ruptura dos sistemas.

Em se tratando de oscilações que se propagam no espaço, há o que se convencionou chamar de *ondas*. Estas são classificadas de acordo com:

- seu meio de propagação:
  - **mecânicas** – requerem um meio material (p. ex., ondas da água);
  - **eletromagnéticas** – não necessitam de um meio material;
  - **de matéria** – são associadas ao movimento de partículas elementares.
- seu tipo de deslocamento:
  - **transversais** – o deslocamento de cada elemento oscilante é perpendicular à direção em que a onda se propaga (Figura 3.5) (p. ex., uma corda, a onda do mar);

Figura 3.5 – Representação esquemática da propagação de uma onda transversal

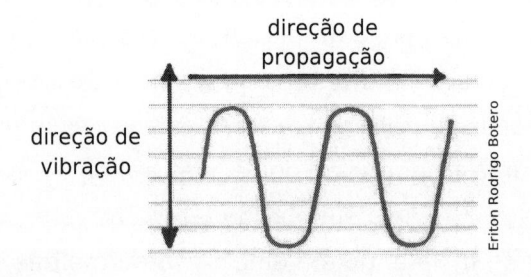

- **longitudinais** – o movimento da onda é paralelo à direção em que a onda se propaga (Figura 3.6) (p. ex., o som).

Figura 3.6 – Representação esquemática da produção e da propagação de uma onda longitudinal

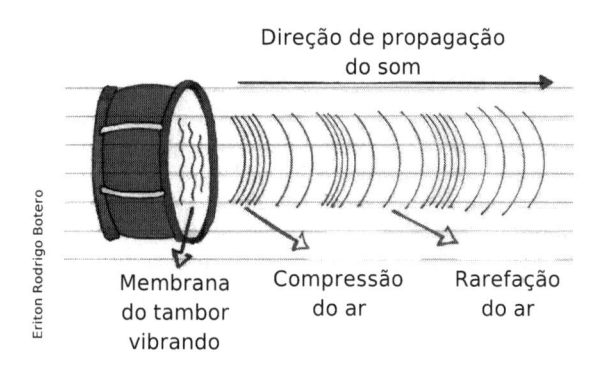

Direção de propagação do som

Membrana do tambor vibrando   Compressão do ar   Rarefação do ar

Para representar algebricamente uma onda optamos, dessa vez, pela função seno. Nesse caso, novos membros, para representar também o deslocamento espacial, devem ser adicionados no argumento da função trigonométrica. A Equação 3.30 é um exemplo de função de onda senoidal.

Equação 3.30

$$y(x, t) = A\, \text{sen}(kx - \omega t)$$

em que:
y(x, t) representa o deslocamento em função do espaço (x) e do tempo (t);
A representa a amplitude da onda;
k representa o número de onda, com notação $k = 2\pi/\lambda$, sendo λ conhecido como *comprimento de onda* – distância entre duas formas de ondas consecutivas;
ω representa a frequência angular e *t* é o tempo. O argumento $(kx - \omega t)$ representa a fase da onda e sen$(kx - \omega t)$ representa, então, o fator oscilante.

Para encontrar a velocidade de propagação das ondas, considera-se que, durante o movimento, sua fase, a qual determina seu deslocamento oscilatório, permanece constante. Desse modo, há somente o deslocamento da onda como um todo, permanecendo sua forma.

Figura 3.7 – Representação esquemática de uma onda deslocando-se na direção positiva do eixo x em função do tempo

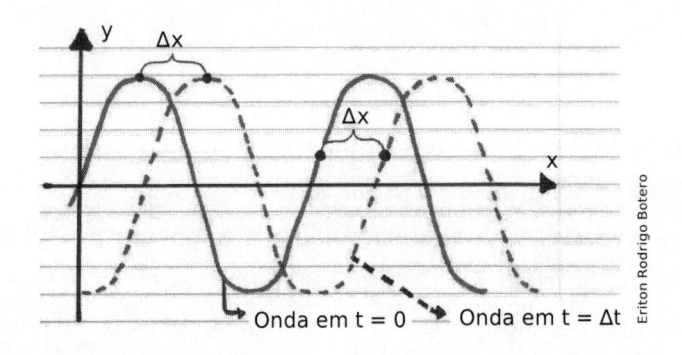

Expressa dessa demonstração, pode-se escrever a Equação 3.31.

Equação 3.31

$$kx - \omega t = \text{constante}$$

Derivando a Equação 3.31 em relação ao tempo, obtém-se a Equação 3.32.

Equação 3.32

$$k\frac{dx}{dt} - \omega = 0$$

Conforme indica a Equação 3.3, a derivada da posição em relação ao tempo resulta na velocidade, ou seja:

$$\frac{dx}{dt} = V = \frac{\omega}{k}$$

Retomando as relações anteriores de k e ω (Equação 3.30 e Equação 3.2, respectivamente), em que $k = 2\pi/\lambda$ e $\omega = 2\pi/T$, é possível escrever a velocidade conforme a Equação 3.33.

Equação 3.33

$$V = \frac{2\pi/T}{2\pi/\lambda} = \frac{2\pi}{T}\frac{\lambda}{2\pi} = \frac{\lambda}{T}$$

Como o período é o inverso da frequência ($T = 1/\nu$), é possível escrever a Equação 3.34, a fim de calcular a velocidade de propagação das ondas.

Equação 3.34

$$V = \lambda\nu$$

Para uma onda que se desloque no sentido oposto, aplica-se a Equação 3.35.

Equação 3.35

$$\frac{dx}{dt} = -\frac{\omega}{K}$$

sendo que, quando o valor de t aumenta, x deve diminuir para preservar a fase de onda fixa.

O que ocorre quando mais de uma onda passa simultaneamente pela mesma região do espaço?

Para compreender essa situação, suponha que duas ondas, representadas por y_1 e y_2, propagam-se simultaneamente ao longo da mesma corda esticada. A onda resultante dessa combinação é a soma algébrica das duas ondas individuais, conforme a Equação 3.36.

Equação 3.36

$$y'(x,t) = y_1(x,t) + y_2(x,t)$$

Pode-se escrever cada onda como:

Equação 3.37

$$y_1(x,t) = y_m \operatorname{sen}(Kx - \omega t)$$

$$y_2(x,t) = y_m \operatorname{sen}(Kx - \omega t + \varphi)$$

Se compreendido que as duas ondas têm as mesmas características – amplitude, número de onda e frequência –, que somente estão defasadas de uma fase φ uma em relação à outra e, ainda, que uma não altera a propagação da outra, tem-se a Equação 3.38, por meio da relação entre as Equações 3.36 e 3.37.

Equação 3.38

$$y'(x,t) = y_1(x,t) + y_2(x,t)$$

$$y'(x,t) = y_m \text{sen}(Kx - \omega t) + y_m \text{sen}(Kx - \omega t + \varphi)$$

Por fim, é coerente substituir os termos da Equação 3.38, conforme a relação trigonométrica (Equação 3.39), de modo a chegar à Equação 3.40. Esta é composta de um termo fixo $\left(2y_m \cos\dfrac{\varphi}{2}\right)$, que representa a amplitude, e um termo oscilante $\left(\text{sen}\left(Kx - \omega t + \dfrac{\varphi}{2}\right)\right)$, ambos dependentes da fase φ.

Equação 3.39

$$\text{sen}\alpha + \text{sen}\beta = 2\,\text{sen}\frac{1}{2}(\alpha + \beta)\cos\frac{1}{2}(\alpha + \beta)$$

Equação 3.40

$$y'(x,t) = 2y_m \text{sen}\frac{1}{2}(Kx - \omega t + Kx - \omega t + \varphi)\cos\frac{1}{2}(Kx - \omega t - Kx - \omega t + \varphi)$$

$$y'(x,t) = 2y_m \cos\frac{\varphi}{2}\text{sen}\left(Kx - \omega t + \frac{\varphi}{2}\right)$$

Quando $\varphi = 0$, ou seja, quando há a superposição de ondas perfeitamente idênticas, a onda resultante tem o dobro da amplitude das ondas anteriores e o mesmo fator oscilante, conforme indica a Equação 3.41.

Equação 3.41

$$y'(x,t) = 2y_m \text{sen}(Kx - \omega t)$$

Já nos casos em que $\varphi = \pi$, há ondas completamente fora de fase, além de $\cos\frac{\pi}{2} = 0$. Isso resulta em uma onda nula ou inexistente $(y'(x, t) = 0)$.

3.2 Laboratório didático de ondas e oscilações

Nesta seção, proporemos a montagem de um laboratório de ondas e oscilações, que contemplará atividades investigativas com experimentos de movimento harmônico simples, frequências naturais de ressonância, ondas em cordas, além de superposição e interferência de ondas.

Para a montagem desse laboratório, de modo que se possa realizar um experimento por vez, sugere-se a seguinte lista de materiais:

1. 1,5 m de barbante ou linha resistente;
2. molas de diferentes comprimentos e diâmetros (podem ser espirais retiradas de cadernos ou compradas papelarias);

3. pesos diferentes (é interessante saber a massa de cada um deles);
4. 2,0 m de elástico para costura;
5. recipiente (bacia ou forma de alumínio) de aproximadamente 40 cm de comprimento ou 40 cm de diâmetro e, no mínimo, 5 cm de profundidade;
6. cronômetro;
7. trena, fita métrica ou régua grande de pelo menos 30 cm;
8. tachinhas ou pregos pequenos;
9. fita adesiva resistente;
10. bolinhas de material que afunde na água.

3.2.1 Movimento harmônico simples: pêndulo

Uma das atividades investigativas que podem ser realizadas no laboratório de ondas e oscilações consiste em calcular a aceleração da gravidade dentro da sala de aula usando um pêndulo simples. O pêndulo simples é formado por uma partícula de massa m (conhecida) suspensa por um fio leve, inextensível (cujo tamanho pode variar) e ligado a um ponto fixo, denominado *pivô*.

Quando a massa é levada de uma posição de mínima energia potencial para um ponto de energia mais alta e é abandonada (velocidade inicial nula), ela descreve um movimento oscilatório em torno da posição de menor energia potencial (posição de equilíbrio). Desprezando-se a resistência do ar – quando se emprega uma massa relativamente grande e um fio suficientemente fino e longo –, a resultante das forças aplicadas à massa *m* na direção tangencial do movimento gera um torque restaurador, que, por sua vez, apresenta uma velocidade angular, ou frequência angular, que pode ser calculada conforme a Equação 3.21, a lembrar:

$$\omega = \sqrt{\frac{g}{L}}$$

A fim de calcular o período, nesse caso, é possível recorrer à Equação 3.2 e desenvolver a relação proposta pela Equação 3.42.

Equação 3.42

$$T = 2\pi\sqrt{\frac{L}{g}}$$

Desse modo, é possível escrever o período de oscilação do pêndulo em função de suas características – seu comprimento (L) – e da aceleração da gravidade (g) do local.

Para realizar esse experimento, você precisará dos itens 1, 3, 6, 7 e 8 da lista de materiais. Comece fixando a tachinha no canto de uma mesa, uma lousa, uma porta ou alguma superfície que suporte a montagem de um pêndulo com as massas disponíveis. Em seguida, prenda uma extremidade do fio na tachinha e a outra em uma das massas. Depois, meça a distância entre essa massa e a tachinha, o valor obtido corresponderá ao comprimento (L) do pêndulo.

Figura 3.8 – Representação esquemática da montagem do experimento com um pêndulo simples

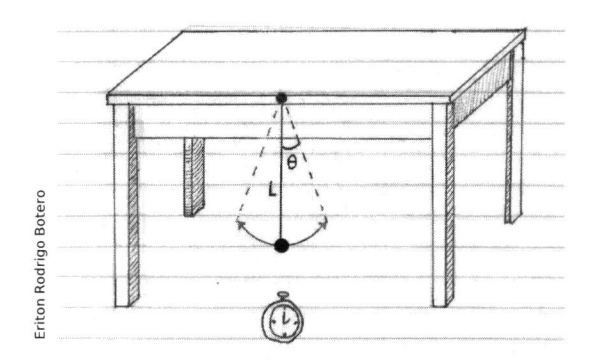

Coloque o pêndulo para oscilar e, com ajuda de um cronômetro, marque o tempo necessário para que ocorra uma oscilação completa – esse será o valor do período (T). Lembre-se de que está sendo usada a aproximação $\sen\theta \approx \theta$ para a solução das equações; logo, o ângulo de oscilação deve ser pequeno. Utilize esse valor de T para encontrar a aceleração da gravidade no local do experimento.

3.2.2 Frequências naturais de ressonância

Outra atividade investigativa que pode ser realizada corresponde à experimentação dos fenômenos de ressonância por meio de uma experiência de caráter qualitativo, na qual se verificará que é possível conhecer empiricamente a frequência de ressonância de um sistema massa-mola.

Lembre-se de que o fenômeno de ressonância é tipicamente encontrado em um sistema harmônico forçado, e que se caracteriza pela similaridade entre as frequências da força de impulso e as naturais do sistema. Nesse caso, acontecem oscilações resultantes com grandes amplitudes, o que pode causar a ruptura dos sistemas.

Para essa atividade, serão necessários os itens 2, 3 e 6 da lista de equipamentos. A escolha dos pesos dependerá da constante elástica da mola, sendo essencial, para o bom andamento do experimento, que esta oscile quando eles forem pendurados. Certifique-se que, ao soltar o peso preso na mola, o sistema possa oscilar livremente sem contato com qualquer superfície, inclusive o chão. Tente provocar oscilações com a maior amplitude possível, usando o movimento – para cima e para baixo – do braço da mão que segura a mola.

Figura 3.9 – Representação esquemática da montagem do experimento com massas e molas

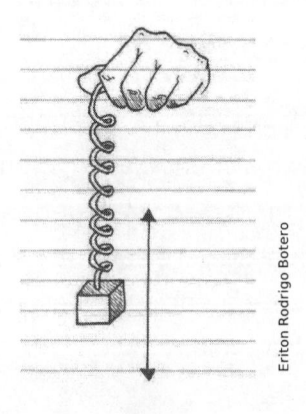

3.2.3 Ondas mecânicas

Outro experimento que pode ser realizado é a verificação das diferenças entre ondas mecânicas unidimensionais transversais e longitudinais. Além disso, é possível identificar a amplitude, o comprimento e a frequência das ondas.

Você deverá usar os itens 2 (escolha a mola mais longa disponível), 4, 6, 7 e 9 da lista de materiais. Marque, com o auxílio da fita, uma distância longa o suficiente para que a mola não fique tão esticada. Peça ajuda a alguém para segurar cada extremidade da mola nos pontos marcados. Em uma dessas extremidades, comprima algumas espiras na mola e solte. Você verá uma onda longitudinal propagar-se.

Em seguida, pegue o elástico e coloque-o levemente esticado entre as mesmas demarcações. Puxe-o lateralmente e solte. Você verá uma onda transversal propagar-se.

Nesse caso, a amplitude será a medida entre o máximo e o mínimo da oscilação, já a frequência e o comprimento de onda serão típicos do fenômeno ondulatório. Este representa a distância entre pontos adjacentes – dois máximos ou dois mínimos, por exemplo – e aquela corresponde ao inverso do período, ou seja, o inverso do tempo necessário para uma oscilação completa.

Figura 3.10 – Representação esquemática da montagem do experimento com molas e elásticos

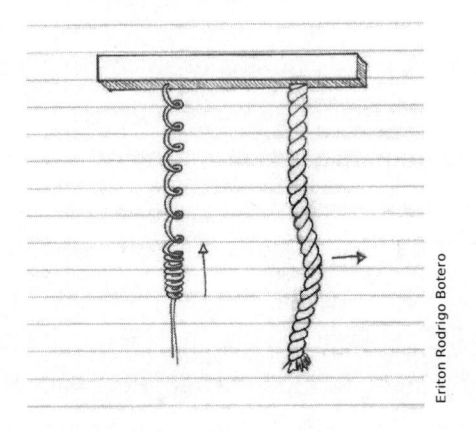

Eriton Rodrigo Botero

3.2.4 Superposição e interferência de ondas

Com o laboratório móvel, é possível realizar, também, o experimento de superposição e interferência de ondas. Nesse caso, serão observadas ondas mecânicas bidimensionais propagando-se em um fluido. Para isso, você deverá usar os itens 5 e 10 da lista de materiais.

    Encha o recipiente com água até a metade – é possível, também, colorir a água usando qualquer tipo de corante. Caso queira, você pode usar outro fluido mais denso, a fim de permitir uma melhor visualização dos resultados do experimento. Sobre uma superfície plana e sem vibrações, coloque o recipiente com o fluido e solte uma bolinha em sua direção. Você verá uma onda sendo gerada pela colisão e propagando-se pela superfície.

Repita esse procedimento soltando duas bolinhas simultaneamente. Nesse caso, você poderá verificar a superposição das duas ondas causadas pelo contato delas com a superfície da água ou do fluido. Quanto mais sincronizado for esse contato, mais evidente será o padrão de interferência das ondas formadas.

Figura 3.11 – Representação esquemática da montagem do experimento sobre interferências de ondas em um fluido

Eriton Rodrigo Botero

3.3 Sequência didática sobre ondas e oscilações

Nesta seção, indicaremos uma sequência didática utilizando as atividades investigativas propostas. Não se trata, contudo, de uma sequência rígida, sendo possível criar variações, desmembrando-a ou agrupando as atividades sugeridas com outras, de modo a cumprir os objetivos pedagógicos específicos e o planejamento de cada turma. Essa sequência poderá ser aplicada em diferentes níveis de formação, ficando a cargo do professor o aprofundamento necessário para cada turma.

Tema das aulas: Ondas e oscilações
Número de aulas sugeridas: Seis aulas de 50 minutos
Atividades avaliativas sugeridas: Alguns cálculos e/ou descrição dos fenômenos observados em cada experimento em forma de relato – ofereça aos alunos um guia para anotação das observações – ou de mapas conceituais

Aula 1 – Introdução ao tema e levantamento das concepções alternativas

Esse talvez seja o primeiro contato dos estudantes com os conteúdos de ondas e oscilações. Desse modo, esse momento é ideal para realizar a primeira captação de suas concepções alternativas a respeito desse tema.

A fim de incentivar o levantamento de informações, podem ser feitas perguntas como:

- Você sabe o que é onda?
- Como é o movimento de uma onda?
- Existem ondas no espaço?
- É possível transportar energia em uma onda?
- A luz é onda?
- Como desviar uma onda?
- E o Wi-Fi é onda? Por que ele não funciona em certos locais?

- Quais seriam os exemplos de ondas?

Após essa conversa com os alunos, introduza o conceito de oscilação, demonstrando as formas geométrica e aritmética de descrever uma oscilação no tempo. Para isso, pode-se usar o quadro ou *slides*. Estimular os estudantes a se familiarizarem com a ferramenta matemática, isto é, a trigonometria, é imprescindível nesse primeiro contato com o tema. Apresente equações, faça demonstrações, explique o significado de cada termo das representações. Para cada nível de ensino, é possível aprofundar-se mais ou menos nessas discussões.

Força nuclear forte

Nesse primeiro contato, é importante somente ouvir os alunos sobre o tema, deixando-os livres para expressar suas concepções alternativas, em forma seja de teorias, seja de exemplos, seja de aplicações. Se possível, memorize ou anote os comentários, sem identificar seus autores. Você poderá usá-los em futuras discussões para a quebra dessas concepções.

Aula 2 – Movimento harmônico simples

Comece a aula com uma conversa com os alunos, buscando conhecer as definições que eles atribuem a cada um dos termos: *movimento*, *harmônico* e *simples*. Questione o que a junção destes, formando a expressão *movimento harmônico simples*, representaria em tópico sobre oscilações. Em seguida, apresente algumas questões:

- É possível reproduzir um movimento harmônico simples em laboratório?
- O que seria necessário para tal experimento?
- Como retirar a resistência do ar nesses casos ou minimizá-la?

Para cursos mais avançados, demonstre aos alunos a relação do movimento harmônico com o movimento do sistema massa-mola. Cite que o movimento harmônico simples é a base para a descrição e a simulação de materiais ou fenômenos em física. Por exemplo, ligações iônicas são descritas como forças em sistemas massa-mola e seu grau de força é proporcional ao coeficiente de elasticidade da mola.

Dependendo do nível de escolaridade, esse também é o momento de realizar um estudo sobre os tipos de amortecimento e as suas complicações. Sugerimos a utilização de vídeos e a proposição do modelo de sala de aula invertida para o próximo encontro. Para guiar o aluno nessa atividade, proponha perguntas como:

- O que difere um movimento amortecido de um movimento harmônico do ponto de vista da sua equação do movimento?
- Que tipo de amortecimento está sendo usado?
- Quais são os tipos de amortecimento possíveis?

Em seguida, monte o experimento "Movimento harmônico simples: pêndulo" proposto na Subseção 3.2.1, explicitando para os alunos a proposta de calcular a aceleração da gravidade em sala de aula. Aproveite a oportunidade e faça uma revisão sobre a aceleração da gravidade, destacando que, apesar de se utilizar um valor fixo, ela não é universal.

Realize o experimento demonstrando, inicialmente, seu funcionamento para os alunos. Faça os cálculos em conjunto com eles e exponha os resultados. É interessante que o valor seja bem distante do esperado, de modo a suscitar discussões sobre erros experimentais, médias etc. Divida a turma em grupos, varie o comprimento do barbante e verifique os valores de aceleração encontrados. Pergunte aos grupos:

- Para qual montagem experimental fica mais fácil cronometrar o período? Por quê?
- Para qual valor de massa é mais confiável a medida? Por quê?
- É possível fazer uma média com os valores obtidos?
- Como será feita essa média?
- É necessário descartar um valor?

É importante que as respostas finais sejam fornecidas pelo professor. Além disso, pode-se aproveitar os valores encontrados para cada conjunto de experimentos e discutir com os alunos as incertezas nas medidas, bem como o cálculo de médias e de incertezas.

Aula 3 – Frequências naturais de ressonância

Se as ligações atômicas podem ser descritas por meio de osciladores, todos os corpos têm frequências naturais. Comece a aula com essa afirmação e peça para os alunos discutirem entre si. Quando for o caso, peça para aqueles que estudaram sobre o amortecimento em casa falarem sobre o tópico ou listarem exemplos de osciladores amortecidos. Faça a junção entre um oscilador amortecido e um forçado, citando exemplos. Avance na abordagem descrevendo ligações atômicas do ponto de vista de um oscilador amortecido e forçado.

Use o experimento "Frequências naturais de ressonância", detalhado na Subseção 3.2.2, e separe molas e pesos distintos para os grupos de alunos, de modo que cada um fique com um conjunto diferente. Solicite que os grupos realizem o experimento, com o propósito de estimar a frequência de ressonância por meio da medida do período que torna a oscilação mais intensa. Troque as molas e as massas entre os grupos e peça-lhes que identifiquem a relação entre o peso, o tipo de mola e a frequência encontrada. Por fim, proponha uma reflexão, perguntando:

- A frequência natural encontrada no experimento de ressonância pertence a quem? Ao corpo do experimentador, à mola; ao peso; à mola e ao peso; ou à mola, ao peso e ao experimentador?

Aula 4 – Ondas mecânicas

Apresente a definição dos tipos de onda e questione:

- Se as ondas mecânicas necessitam de um meio para se propagar, o que seria esse meio?

Deixe os alunos discutirem o assunto; em seguida, dê exemplos de meios para propagação. Caso o ar (a atmosfera) não seja apontado como exemplo, questione se este é um meio de propagação. Estabeleça uma relação entre a velocidade de propagação da onda e a densidade do meio. Questione:

- Em atmosferas rarefeitas, a velocidade de propagação é a mesma?
- E no vácuo?
- Onde existe vácuo?

Essas indagações podem ajudar os estudantes a pensar a esse respeito e, com a orientação do professor, reformular algumas concepções alternativas sobre o tema.

Utilize o experimento "Ondas mecânicas", detalhado na Subseção 3.2.3, para demonstrar a diferença entre uma onda longitudinal e uma transversal. Com a mola, mostre que é possível ter os dois tipos em um mesmo meio, usando-a para repetir o procedimento de produção de onda transversal no elástico.

Se possível, use molas de diferentes espiras, ou elásticos de diferentes espessuras, e peça para os estudantes medirem o tempo de propagação de ondas produzidas com a mesma amplitude. Para tanto, realize os experimentos sempre sob as mesmas condições – isto é, contraia o mesmo número de espiras ou estique o elástico, ou mola, na mesma distância –, sobre a mesma superfície. Repita o experimento esticando mais o material, deixando-o em um estado de maior tensão. Retome a discussão proposta antes da realização do experimento sobre as relações do meio com a velocidade de propagação da onda, instigando os alunos com base nos resultados obtidos.

Extrapole a conceituação das ondas mecânicas para a das ondas eletromagnéticas, sob o ponto de vista do meio de propagação, e peça para os estudantes pesquisarem sobre exemplos dessas últimas.

Aula 5 – Ondas eletromagnéticas, superposição e interferência de ondas

Na quinta aula, continue no processo de passar da conceituação das ondas mecânicas para a das ondas eletromagnéticas, usando o modelo da sala de aula invertida com a pesquisa realizada pelos alunos. Solicite a eles exemplos de ondas eletromagnéticas, crie no quadro uma relação entre seu comprimento de onda, sua frequência e sua energia, ou, então, use uma imagem disponível do espectro eletromagnético, como a presente na Figura 3.12.

Figura 3.12 – Espectro eletromagnético

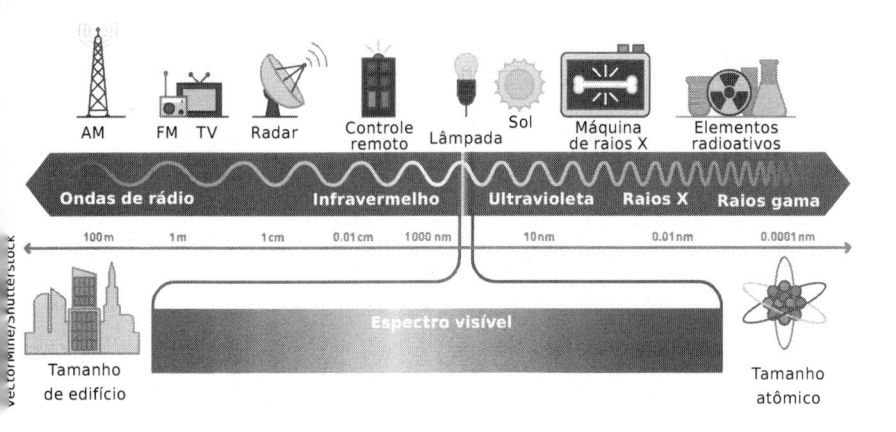

| AM | FM | TV | Radar | Controle remoto | Lâmpada | Sol | Máquina de raios X | Elementos radioativos |

| Ondas de rádio | | | Infravermelho | | Ultravioleta | Raios X | Raios gama |
| 100 m | 1 m | 1 cm | 0.01 cm | 1000 nm | 10 nm | 0.01 nm | 0.0001 nm |

Espectro visível

Tamanho de edifício

Tamanho atômico

Faça perguntas como:

- Já estiveram em algum local onde não há sinal de Wi-Fi mesmo estando ao alcance do aparelho transmissor?

Introduza, assim, o conceito de superposição e interferência de ondas eletromagnéticas na sala de aula. Volte ao tema das ondas mecânicas e realize o experimento "Superposição e interferência de ondas", exposto na Subseção 3.2.4. Caso queira, adicione corantes à água e use outras substâncias mais densas e viscosas, como o etileno glicol ou a glicerina. Solte a bola de modo que consiga produzir uma superposição positiva das ondas, ou seja, solte-a em fase com a onda produzida. Também tente soltar a bola de modo a produzir uma superposição que gere uma onda nula, fora de fase. Realize quantas demonstrações forem

necessárias para os estudantes compreenderem que
a fase entre as ondas é de extrema importância no
fenômeno de superposição.

Em seguida, faça o experimento soltando as duas
bolas simultaneamente. Verifique se há formação
de padrões de interferência construtiva e destrutiva.
Novamente, conclua salientando a importância das fases
na superposição.

Repita os dois experimentos trocando uma das bolas
por outra de tamanho diferente, a fim de demonstrar
a importância da amplitude na superposição de onda.

Por fim, retome a discussão inicial da aula e incentive
os alunos a pensarem sobre o que ocorreria no caso de
ondas eletromagnéticas. Conduza-os à seguinte reflexão:
Seria esse efeito uma possível explicação para os
observáveis relativos ao sinal de Wi-Fi?

Aula 6 – Fechamento das atividades

Na última aula, decida qual atividade avaliativa seguirá.
Dependendo do nível de escolaridade dos estudantes,
pode-se utilizar um relato das experiências praticadas,
um relatório mais detalhado das atividades ou uma
relação das práticas e dos resultados com o conteúdo
didático, oferecendo um material para o cálculo de
valores, além das relações entre os fenômenos e
as equações. Há, também, a possibilidade de criação de
mapas conceituais sobre o tema. O importante é que
o conteúdo tenha um encerramento, embora possa ser

abordado novamente em outros momentos, por exemplo, quando forem abordados assuntos como som, óptica, mecânica – movimento circular, sistema massa-mola – e eletromagnetismo – circuitos RLC.

Radiação residual

- **Ondas e oscilações**
  - Movimentos periódicos
    - Período (T) – tempo para uma oscilação completa, em segundos (s)
    - Frequência (v) – número de oscilações realizadas em 1 s, em hertz (Hz)
    - $v = \dfrac{1}{T}$
    - Movimento harmônico simples – ocorre livremente
      - Pêndulo – partícula de massa m presa a um fio de comprimento L
    - Estado de ressonância
  - Ondas
    - Classificadas segundo seu meio de propagação
      - Mecânicas – requerem um meio material.
      - Eletromagnéticas – não necessitam de um meio material;
      - De matéria
    - Classificadas conforme seu tipo de deslocamento
      - Transversais
      - Longitudinais

- **Laboratório didático móvel de ondas e oscilações**
  - Materiais
    - 1,5 m de barbante ou linha resistente
    - Molas de diferentes comprimentos e diâmetros
    - Pesos diversos
    - 2,0 m de elástico para costura
    - Recipiente de tamanho médio
    - Cronômetro
    - Trena, fita métrica ou régua grande
    - Tachinhas ou pregos pequenos
    - Fita adesiva resistente
    - Bolinhas de material que afunde na água
  - Experimentos
    - Movimento harmônico simples: pêndulo
      - Barbante
      - Pesos
      - Cronômetro
      - Trena, fita métrica ou régua grande
      - Tachinha ou prego
    - Frequências naturais de ressonância
      - Molas
      - Pesos
      - Cronômetros
    - Ondas mecânicas
      - Mola longa
      - Elástico

- Cronômetro
- Trena, fita métrica ou régua grande
- Fita adesiva

- Superposição e interferência de ondas
  - Recipiente
  - Bolinhas que afundam na água

- **Sequência didática sobre ondas e oscilações**
  - Seis aulas de 50 minutos
    - Aula 1 – Introdução ao tema e levantamento das concepções alternativas
    - Aula 2 – Movimento harmônico simples
    - Aula 3 – Frequências naturais de ressonância
    - Aula 4 – Ondas mecânicas
    - Aula 5 – Ondas eletromagnéticas, superposição e interferência de ondas
    - Aula 6 – Fechamento das atividades e avaliação

Testes quânticos

1) O que caracteriza o período de uma oscilação e qual é sua unidade de medida?
   a) Tempo entre um máximo e um mínimo, medido em segundos.
   b) Tempo entre um máximo e um mínimo, medido em horas.
   c) Tempo entre dois zeros, medido em segundos.

d) Tempo de uma oscilação completa, medido em segundos.
e) Tempo de uma oscilação completa, medido em horas.

2) A representação algébrica de uma oscilação por meio de uma função seno e de uma função cosseno diferem unicamente em razão:
a) das intensidades.
b) do período.
c) da fase.
d) do comprimento de onda.
e) da força.

3) Sobre a lei de Hooke, é correto afirmar que apresenta caráter:
a) perturbador.
b) impulsionador.
c) restaurador.
d) amortecedor.
e) anulador.

4) Qual expressão melhor representa o torque restaurador em um pêndulo simples de comprimento L?
a) $\tau = L(F_g \, \text{sen}\theta/2)$
b) $\tau = -2L(F_g \, \text{sen}\theta)$
c) $\tau = L/3(F_g \, \text{sen}\theta)$
d) $\tau = -L/2(F_g \, \text{sen}\theta)$
e) $\tau = -L(F_g \, \text{sen}\theta)$

5) Qual é a principal característica de uma onda eletromagnética?
   a) Trata-se de uma onda longitudinal.
   b) Trata-se de uma onda transversal.
   c) Necessita de um meio material para propagar-se.
   d) Propaga-se no vácuo.
   e) É composta de duas ondas mecânicas.

Interações teóricas

Computações quânticas

1) Quais são as condições ideais para que aconteça o fenômeno de ressonância? Considere para sua resposta tanto o ponto de vista do estímulo quanto do resultado.

2) Quais são os tipos de amortecimento possíveis em uma onda? Quais são seus efeitos resultantes?

Relatório do experimento

1) Elabore dois planos de ensino sobre o mesmo experimento envolvendo ondas e oscilações.
No primeiro, siga uma proposta de sala de aula invertida e, no segundo, utilize um modelo de aula tradicional. Qual dos dois seria mais apropriado? É possível aplicá-lo em sua rotina de trabalho?

Projetos
e experimentos
didáticos para
acústica

4

Primeiras emissões

Dedicaremos este capítulo ao estudo do som. Inicialmente o identificaremos como uma forma de onda, de modo que boa parte do conteúdo estudado no Capítulo 3 será aproveitada para descrever sua forma e suas características. Usaremos experimentos para investigar temas como a propagação do som em cordas, os instrumentos de corda e de tubo e as formas de visualizar o som para representar os fenômenos da acústica e estabelecer relações com as teorias estudadas.

4.1 Ondas sonoras

As **ondas sonoras** são ondas **mecânicas longitudinais**, ou seja, propagam-se necessariamente por um meio e em direção paralela a seu deslocamento. Assim, na condição de onda, o som não se propaga somente em uma dimensão, como uma onda em uma corda, e sim nas três dimensões de um ambiente, sempre que possível.

A velocidade de qualquer onda mecânica depende tanto das propriedades inerciais do meio, seu armazenamento de energia cinética, quanto das suas propriedades elásticas, seu armazenamento de energia potencial (Equação 4.1).

Equação 4.1

$$V = \sqrt{\frac{\text{propriedades elásticas}}{\text{propriedades inercias}}} = \sqrt{\frac{\text{constante elástica}}{\text{densidade}}}$$

em que, no caso do som:

ρ = densidade volumétrica do meio;

B = módulo de elasticidade volumétrica, a variação relativa do volume desencadeada por uma variação de pressão:

$$B = -\frac{\Delta p}{\frac{\Delta V}{V}}$$

Assim:

$$V = \sqrt{\frac{B}{\rho}}$$

Como as ondas transversais, as ondas sonoras podem sofrer interferência. Por exemplo, considere duas fontes pontuais de ondas sonoras, S_1 e S_2, que estão em fase, têm o mesmo comprimento de onda λ e deslocam-se em direção a um ponto P (observador) (Figura 4.1).

Figura 4.1 – Esquema representativo de duas fontes produzindo ondas sonoras que se deslocam até o ponto P

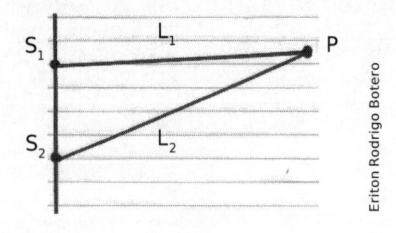

Nesse exemplo, a distância das duas fontes (S_1 e S_2) até o ponto P é muito maior que a distância entre elas, tal que se considera que as ondas se propagam paralelamente no mesmo sentido na direção de P. Se elas percorressem a mesma distância até P, sofreriam uma interferência completamente construtiva nesse plano, por terem a mesma fase em S_1 e S_2. Contudo, quando as distâncias até P são diferentes – como nesse caso, em que o caminho percorrido pela frente de onda de S_2 é maior –, a diferença no percurso pode acarretar uma diferença de fase nas ondas e na onda resultante.

A Equação 4.2 expressa matematicamente essa diferença de percurso que as frentes de onda de S_1 e S_2 percorrem até chegar ao ponto P.

Equação 4.2

$$\Delta L = |L_2 - L_1|$$

Equação 4.3

$$\varphi = \frac{2\pi \Delta L}{\lambda}$$

De acordo com a Equação 4.3, se 2π equivaler a λ (comprimento de onda), a interferência será completamente **construtiva** quando φ for zero, 2π, ou múltiplo de 2π; logo:

$$\frac{\Delta L}{\lambda} = 0, 1, 2, \ldots$$

Por outro lado, será completamente **destrutiva** quando φ = π, 3π... ou φ = (m + 1)π; ou seja:

$$\frac{\Delta L}{\lambda} = 0,5; 1,5; \ldots$$

Ondas sonoras podem ser produzidas de modo a agradar os ouvidos humanos, como no caso das notas musicais, ondas sonoras estacionárias produzidas nos instrumentos musicais. Em instrumentos de sopro, como a flauta, a geração dessas ondas, também chamadas de *harmônicos*, dentro do tubo, produz as notas musicais. Para um tubo aberto, a distância entre dois ventres adjacentes da onda é sempre igual a meio comprimento de onda. Para o primeiro harmônico, essa distância deve ser igual ao comprimento L do tubo $\left(L = \frac{\lambda}{2}\right)$.

Assim a frequência desse harmônico, denominada *frequência fundamental*, obtida pela relação $\upsilon = \frac{V}{\lambda}$ (conforme Equação 3.34), é calculada pela Equação 4.4.

Equação 4.4

$$\nu = \frac{V}{2L}$$

Lembrete

Denominam-se *ventre de onda* as parcelas com menor amplitude possível. Assim, a distância entre dois ventres é igual à distância entre dois máximos, equivalendo a meio comprimento de onda.

A diferença entre as frequências fundamentais também caracteriza os sons como agudos e graves. Sons graves apresentam baixas frequências, e sons agudos, altas frequências.

É possível encontrar os outros harmônicos (*n*) por meio da Equação 4.5.

Equação 4.5

$$\upsilon_n = \frac{nV}{2L}$$

em que V é a velocidade do som dentro do tubo.

Já para um tubo fechado, seu comprimento é a distância entre um nó e o ventre adjacente, ou um quarto do comprimento de onda $\left(L = \frac{\lambda}{4}\right)$. A frequência fundamental, então, pode ser calculada conforme a Equação 4.6.

Equação 4.6

$$\upsilon = \frac{V}{4L}$$

Para além da frequência fundamental, um sistema contém os denominados *modos normais* que correspondem às frequências naturais do sistema, ou seja, aquelas nas quais o sistema oscila livremente quando perturbado. Tais frequências, em um tubo fechado, podem ser calculadas pela Equação 4.7.

Equação 4.7

$$\upsilon_n = \frac{nV}{4L}$$

Em instrumentos de corda, como o violão, as notas musicais resultam dos modos normais de vibração das cordas quando tocadas. Cada uma dessas cordas tem uma afinação específica, isto é, uma tensão ajustada para a produção de determinado padrão de vibração.

4.2 Laboratório didático de acústica

O laboratório de acústica que aqui propomos contempla atividades investigativas com experimentos de propagação do som em cordas, figuras de Lissajous, notas musicais e ondas estacionárias. Para sua montagem, você precisará de:

1. 3,0 m de barbante ou linha resistente;
2. dois copos descartáveis resistentes ou latas vazias de alimento (milho, ervilha, leite condensado etc.);
3. violão (ou qualquer outro instrumento de corda de caixa aberta);
4. dois tubos de PVC de meia polegada e um tampão;
5. apontador *laser* (*laser pointer*);
6. 40 cm de eletroduto flexível;
7. alto-falantes (caixinhas de som);
8. computador portátil ou *smartphone*;
9. funil culinário de tamanho médio;

10. elásticos de dinheiro;
11. bacia retangular de plástico (aproximadamente 40 cm de comprimento);
12. tachinhas ou pregos pequenos;
13. fita adesiva resistente;
14. pedaço pequeno de espelho (1 cm^2);
15. bexiga (balão de látex);
16. filmadora digital ou *smartphone*.

4.2.1 Propagação do som em cordas

Uma das atividades investigativas que o laboratório possibilita consiste em demonstrar que o som é uma onda e que necessita de um meio material para se propagar. Dois experimentos serão utilizados nessa atividade: um telefone com fio e a visualização de ondas sonoras como ondas mecânicas. Para realizá-los, você precisará dos itens 1, 2, 10, 11 e 12 da lista de materiais sugeridos.

    Use as tachinhas, ou os pregos pequenos, para fazer um furo no fundo dos copos descartáveis, ou das latas. O diâmetro do furo deve ser pequeno, suficiente apenas para que se possa passar o barbante ou a linha através dele. Insira uma extremidade do barbante em um copo, e a outra, no outro copo. Depois, faça um nó apertado de modo que a linha fique presa e não escape quando sob certa tensão. Use cada extremidade do equipamento como um telefone. Enquanto um experimentador fala em uma extremidade, outro ouve. Lembre-se de deixar a linha levemente esticada e livre, sem encostar em nada além dos copos.

Para o segundo experimento, use as tachinhas e fixe-as nas bordas da bacia de plástico. Prenda os elásticos de dinheiro, um a um, em cada par de tachinhas, preferencialmente não diametralmente opostas, a fim de que cada um esteja sob tensão específica – cinco elásticos são o suficiente. Garanta que eles não se encostem ou toquem nas bordas da bacia. Encha o recipiente com água, deixe em repouso e puxe os elásticos, um de cada vez, fazendo com que vibrem. Verifique que serão produzidos sons e a água da bacia formará pequenas ondas que remetem a estes.

Figura 4.2 – Representação esquemática da montagem dos experimentos de propagação do som em cordas

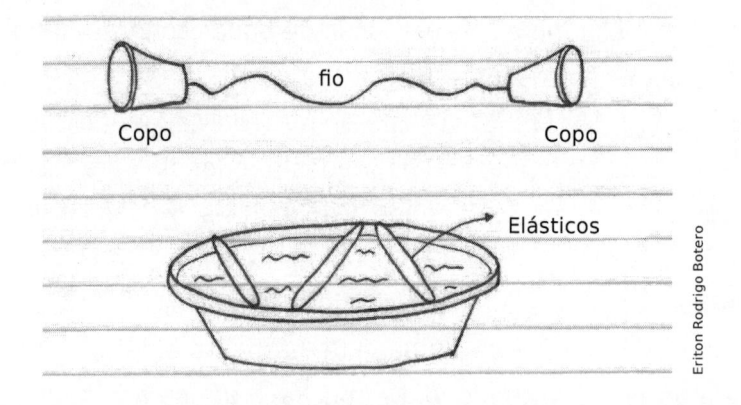

4.2.2 Figuras de Lissajous

Com os itens 2, 5, 6, 9, 12, 13 e 14 da lista de materiais sugeridos, você pode realizar uma atividade cujo objetivo é demonstrar a "forma" do som e verificar que para cada timbre há uma figura que o representa. Para isso, retire um dos lados de uma latinha – caso utilize um copo descartável, não será necessário, pois este já tem uma abertura – e faça, em sua lateral, um furo com diâmetro adequado para encaixar o eletroduto. Prenda uma extremidade do eletroduto no furo com auxílio de uma fita adesiva. Corte uma bexiga ao meio e coloque no lado aberto da latinha. Prenda a bexiga bem esticada com auxílio de uma fita adesiva. Cole o espelho em cima da bexiga fixada na latinha. Na outra extremidade do eletroduto, prenda o funil culinário. Depois da montagem, fixe esse aparato sobre uma mesa ou uma superfície.

Em seguida, use o apontador *laser* para incidir no espelho – certifique-se de que a incidência esteja inclinada –, tal que a luz do *laser* seja refletida em uma superfície lisa e clara. Fale ou produza algum som no funil. O deslocamento do ponto luminoso resulta da vibração da lâmina de borracha provocado pelo som produzido. Para cada timbre, verifica-se a formação de uma imagem, de modo que, se o som for mantido em uma frequência fixa – para isso use o autofalante e o computador portátil ou *smartphone* –, originam-se desenhos mais padronizados, denominados *figuras de Lissajous*, em homenagem ao físico francês Jules Antoine Lissajous (1822-1880).

Figura 4.3 – Representação esquemática da montagem do experimento de figuras de Lissajous

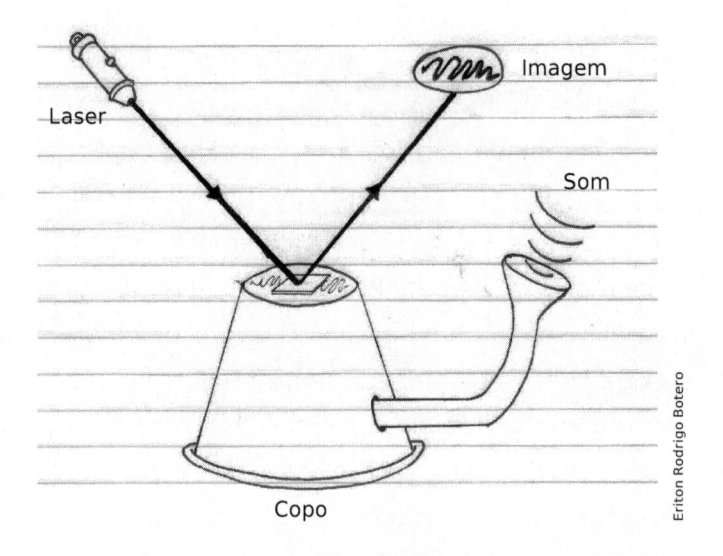

Eriton Rodrigo Botero

4.2.3 Notas musicais

Outra atividade que o laboratório de acústica permite realizar consiste em verificar que, para cada nota musical, há um padrão de vibração das cordas de um violão, conforme ondas estacionárias são produzidas. Isso significa que ondas estacionárias podem gerar sons. Para essa demonstração, você utilizará os itens 3 e 16 da lista de materiais. Antes de realizar o experimento, procure em locais adequados – ou com os quais você esteja mais familiarizado – como reproduzir algumas notas musicais usando o violão. A Figura 4.4 corresponde a um exemplo desse tipo de material de apoio.

Figura 4.4 – Acordes musicais básicos para serem reproduzidos em um violão

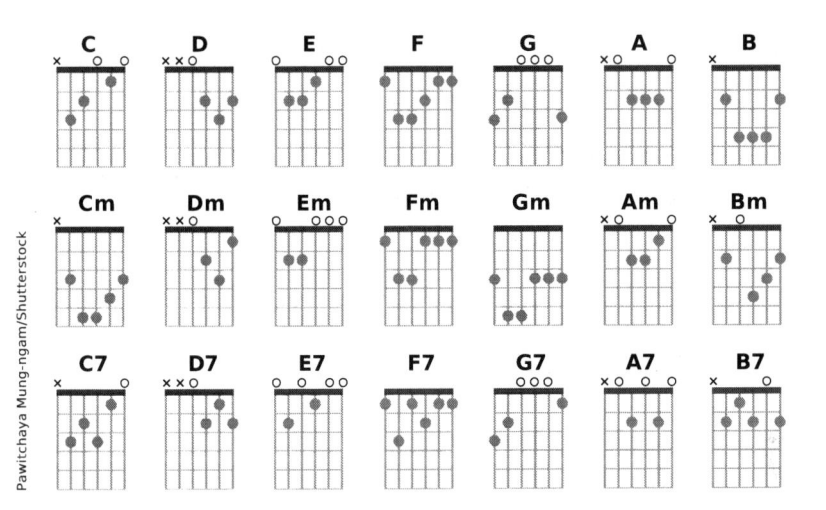

Pawitchaya Mung-ngam/Shutterstock

Coloque o aparelho de filmagem dentro da caixa do violão, com as lentes voltadas para cima, a fim de filmar as cordas. Caso necessário use uma fita para segurar. Durante a gravação, reproduza cada nota musical e verifique que cada uma gera um padrão de vibração e de comprimento de onda nas cordas.

4.2.4 Ondas estacionárias (Tubo de Kundt)

O objetivo da atividade do Tubo de Kundt é obter a velocidade do som no ar por meio de ondas estacionárias em tubos fechados e abertos. Sabe-se que, quando ondas longitudinais, como as sonoras, propagam-se no interior de um tubo, estas são refletidas nas suas extremidades. Assim, formam, também, padrões de ondas estacionárias, com cada frequência, ou nota musical, correspondendo a um padrão específico se propagando dentro do tubo.

Para a realização dessa atividade, você deverá utilizar os itens 4, 7 e 8 da lista de materiais sugeridos.

Comece medindo o comprimento de um tubo de PVC aberto. Posicione a caixinha de som em uma das entradas do tubo aberto. Procure alguma página na internet ou um aplicativo para *smartphone* que reproduza sons em determinadas frequências (na Seção "Conhecimento quântico", a seguir, fazemos uma indicação).

Use o autofalante, ou a caixa de som, ligado ao computador portátil ou ao celular para obter os melhores resultados possíveis. Varie as frequências e anote em quais o som fica mais intenso. Repita o mesmo experimento com o tubo fechado. Procure usar os dois tubos com o mesmo comprimento. Usando as Equações 4.5 e 4.7 e conhecendo as frequências aplicadas, bem como o cumprimento dos tubos, é possível estimar a velocidade do som.

Conhecimento quântico

A página PhET, da University of Colorado Boulder, oferece um grande conjunto de simulações científicas gratuitas para utilização em sala de aula. Uma delas permite estudar aspectos do som, possibilitando a reprodução de sons com frequências específicas. Assim, mostra-se uma ferramenta bastante útil para o experimento do tubo de Kundt.

PHET: Interactive Simulations; University of Colorado Boulder. **Som**. 2020. Disponível em: <https://phet.colorado.edu/pt_BR/simulation/legacy/sound>. Acesso em: 18 ago. 2020.

4.3 Sequência didática sobre acústica

Nesta seção, proporemos uma sequência didática utilizando atividades investigativas atinentes aos fenômenos de acústica. Ressaltamos, mais uma vez, que a sequência é apenas um guia que oferecemos a você, professor, de modo que pode ser adequada conforme os contextos da disciplina e da sala de aula.

Os experimentos também podem ser adaptados de acordo com os objetivos didáticos e com o planejamento de cada docente. Os desdobramentos das atividades dependem dos alunos, já que estes são as peças fundamentais do processo de aprendizagem, porém cabe ao professor a função de orientar todo o processo de investigação.

Tema das aulas: Acústica
Número de aulas sugeridas: Três aulas de 50 minutos

Atividades avaliativas sugeridas: Descrição dos fenômenos observados em cada experimento em forma de relato – ofereça aos estudantes um guia para as anotações das observações feitas por eles.

Aula 1 – Introdução ao tema e levantamento das concepções alternativas

O início da primeira aula corresponde ao momento de realizar a primeira captação das concepções alternativas a respeito da acústica. Para incentivar a discussão, sugerimos perguntas como:

- O som é uma onda?
- Como podemos escutar alguma coisa?
- O som tem velocidade? Se sim, qual é?
- A velocidade do som é constante (universal)?
- Se o som for uma onda, que tipo de onda ele pode ser?
- Ele precisa de um meio para se propagar?
- O que é o vácuo? Há som no vácuo?

Se possível, memorize ou anote os comentários dos alunos, sem identificação dos autores.

Após essa conversa inicial, apresente o conceito de onda sonora, demonstrando sua classificação como onda mecânica e longitudinal. É importante apontar que o som pode ser produzido por diversos mecanismos, como cordas, tambores, palmas, cordas vocais, e que, independentemente de sua fonte, sua propagação ocorre da mesma maneira, mantendo sua classificação como uma onda mecânica e longitudinal. Aproveite esse momento e explique sobre notas musicais, enfocando que, como o som é uma onda, cada nota musical tem uma frequência específica. Se você, professor, ou algum aluno souber tocar algum instrumento musical, reproduza algumas notas e demonstre para a turma as diferenças entre as frequências, responsáveis por caracterizar um som agudo, grave etc. Se preferir, use a voz para fazer essa atividade também.

Após esse momento de interação com os alunos, introduza equações, faça demonstrações sempre se valendo do cotidiano para dar exemplos. Para cada nível de ensino, aprofunde essas discussões, definindo o grau adequado para a turma.

Aula 2 – Como ver o som?

Para garantir um maior dinamismo, leve para a sala de aula os experimentos das atividades "Propagação do som em cordas" e "Figuras de Lissajous" – descritos nas Subseções 4.2.1 e 4.2.2, respectivamente – prontos ou deixe-os organizados, de modo que se realize apenas a montagem no momento da aula.

Como primeiro experimento, use o telefone com fio. Embora seja uma experiência simples, os conceitos envolvidos são de extrema importância para a compreensão da relação entre o som e o seu meio de propagação. Realize a atividade sem unir os dois copos com a corda. Verifique o que ocorre e faça um relato com os alunos. Em seguida, use o barbante para unir os copos. Refaça o experimento com ele levemente esticado, frouxo e bem esticado.

Questione se há diferenças na propagação do som em cada situação e se a existência do meio basta para uma boa propagação. Em seguida, pergunte sobre o que mais é necessário para que o som se propague de maneira adequada. Estabeleça um paralelo com a propagação do som em ambientes rarefeitos ou mais densos.
Então, utilize outro material para ligar os dois copos do telefone e observe as diferenças. Repita o experimento ou refaça-o quantas vezes forem necessárias, nas mais variadas condições, até encontrar a melhor condição empírica de propagação da onda. Promova a reflexão sobre se há ou não uma relação entre o tipo de material e a propagação do som.

Em seguida, realize a segunda parte da primeira atividade investigativa, isto é, a visualização de ondas sonoras como ondas mecânicas. Os elásticos esticados funcionam como as cordas vocais no experimento anterior. Ao estimulá-los, a vibração produz um som que pode ser visualizado na forma de ondas na superfície da água. Assim, demonstra-se que o som é um conjunto de vibrações do meio. Questione os alunos:

- No experimento do telefone com fio, o meio de propagação era a corda, e no experimento com a bacia de água?

- Qual é o meio de propagação da onda até a superfície da água?
- É possível ouvir algum som produzido pelos elásticos? Se sim, qual é o seu meio de propagação para chegar aos nossos ouvidos?

Estabeleça uma relação entre o som produzido pelos elásticos e o som produzido pelas cordas vocais. Aproveite esse momento para aprofundar a discussão sobre os meios de propagação do som.

Por fim, realize o segundo experimento, "Figuras de Lissajous". Trata-se de outra maneira de verificar as vibrações (ondas) produzidas pelo som. O meio de propagação, nesse caso, é o ar. Questione se a composição "desse ar" e a concentração de partículas influenciam na propagação do som. Trace um paralelo com o primeiro experimento.

Tente reproduzir timbres vocais diferentes para formar as figuras de Lissajous. Caso necessário, utilize a caixa de som acoplada a um computador ou celular e reproduza o som em diferentes frequências.

Solicite aos alunos que façam uma pesquisa sobre as notas musicais: quais são, o que representam, como podem ser obtidas. Exiba um vídeo que demonstre diferentes notas musicais ou algum jogo (simulador) que permita ao aluno reproduzir essas notas. Se houver algum aluno com habilidades musicais, peça-lhe que grave as notas sendo reproduzidas. Use essa atividade como modelo para a sala de aula invertida, que será usada na aula seguinte.

Conhecimento quântico

Alguns simuladores que podem ser utilizados para as atividades com as notas musicais são:

MUSICAA. Disponível em: <https://www.musicca.com/pt>. Acesso em: 18 ago. 2020.

APPLE INC. **GrageBand 2.3.7**. Cupertino, CA: 2018. Aplicativo para celular iOS. Disponível em: <https://www.apple.com/br/ios/garageband/>. Acesso em: 18 ago. 2020.

REVONTTULET SOFT INC. **Perfect Piano 7.5.3**. Pequim, China: 2020. Disponível em: <https://play.google.com/store/apps/details?id=com.gamestar.perfectpiano&hl=pt_BR>. Acesso em: 18 ago. 2020.

Aula 3 – Notas e instrumentos musicais

Comece a aula pelo compartilhamento dos relatos dos alunos sobre suas pesquisas a respeito das notas musicais. Guie-os para a compreensão de que cada nota musical é relacionada a uma frequência específica. Para isso, pergunte:

- Essa frequência é de quê?
- O que vibra em determinada frequência para reproduzir tais notas musicais?

Depois da discussão inicial, utilize o experimento "Notas musicais", detalhado na Subseção 4.2.3, para produzir um vídeo sobre as vibrações das cordas do violão. Caso não seja possível realizar o experimento, use vídeos da internet que tenham o mesmo propósito. Indique que as notas musicais, o som, estão associadas com os comprimentos de onda de cada corda. Lembre os alunos da relação entre comprimento de onda, frequência e velocidade.

Conhecimento quântico

Alguns vídeos que podem ser utilizados para o experimento "Notas musicais" são:

RONABE. **Iphone 4 inside a guitar oscillation! VERY GOOD!**. 14 jul. 2011. Disponível em: <https://www.youtube.com/watch?v=INqfM1kdfUc>. Acesso em: 18 ago. 2020.

BROTHEROFF. **Guitar Strings Oscillating in HD 60 fps**. 30 jul. 2016. Acesso em: <https://www.youtube.com/watch?v=8YGQmV3NxMI>. Acesso em: 18 ago. 2020.

Na sequência, realize o experimento "Ondas estacionárias (Tubo de Kundt)", descrito na Subseção 4.2.4. Pergunte aos alunos a qual tipo de instrumento essa atividade remete. Dependendo do nível da disciplina, faça os cálculos das frequências de cada nota e busque identificá-las com a turma. Questione:

- Qual é o meio de produção das notas musicais nesse instrumento? É igual ao do violão?

É preciso deixar claro nessas atividades que, independentemente do meio de produção (cordas estimuladas, velocidade do som em tubos, cordas vocais etc.), o som é uma onda mecânica longitudinal e necessita de um meio para propagar-se.

Escolha a atividade avaliativa de sua preferência. Conforme o nível de escolaridade dos estudantes, é possível compor um relatório mais detalhado das experiências praticadas. Outra opção é ofertar atividades que relacionem os experimentos e seus resultados com o conteúdo didático, por meio de um material para calcular valores e relacionar fenômenos com equações. Há, ainda, a possibilidade de criação de mapas conceituais sobre o tema.

Radiação residual

- **Ondas sonoras**
  - Mecânicas
  - Longitudinais
  - Sofrem interferência
    - Interferência construtiva
    - Interferência destrutiva
- **Laboratório didático móvel de ondas e oscilações**
  - Materiais
    - 3,0 m de barbante ou linha resistente

- dois copos descartáveis ou latas vazias de alimento
- instrumento de corda de caixa aberta
- dois tubos de PVC de meia polegada e um tampão
- apontador *laser*
- 40 cm de eletroduto flexível
- caixinhas de som
- computador portátil ou *smartphone*
- funil culinário de tamanho médio
- elásticos de dinheiro
- bacia retangular de plástico
- tachinhas ou pregos pequenos
- fita adesiva resistente
- pedaço pequeno de espelho
- bexiga
- filmadora digital ou *smartphone*
- Experimentos
  - Propagação do som em cordas
    - Barbante ou linha
    - Copos descartáveis ou latas
    - Elásticos
    - Bacia
    - Tachinhas ou pregos
  - Figuras de Lissajous
    - Copos descartáveis
    - Apontador *laser*
    - Eletroduto
    - Funil culinário

- Tachinhas ou pregos
- Fita adesiva
- Espelho
- Notas musicais
  - Instrumento de corda
  - Filmadora ou *smartphone*
- Ondas estacionárias (Tubo de Kundt)
  - Tubos de PVC e tampão
  - Caixinhas de som
  - Computador ou *smartphone*
- **Sequência didática sobre acústica**
  - Três aulas de 50 minutos
    - Aula 1 – Introdução ao tema e levantamento das concepções alternativas
    - Aula 2 – Como ver o som?
    - Aula 3 – Notas e instrumentos musicais

Testes quânticos

1) Como são classificadas as ondas sonoras?
   a) Ondas eletromagnéticas longitudinais.
   b) Ondas eletromagnéticas transversais.
   c) Ondas eletromagnéticas diagonais.
   d) Ondas mecânicas longitudinais.
   e) Ondas mecânicas transversais.

2) O que caracteriza a interferência de ondas longitudinais?
   a) Uma combinação de duas ou mais ondas.
   b) Uma subtração de duas ou mais ondas.

c) Uma multiplicação de duas ou mais ondas.
d) Uma divisão de duas ou mais ondas.
e) Uma normalização de duas ou mais ondas.

3) Para duas fontes sonoras, quais são as condições para as interferências construtiva e destrutiva, respectivamente?

a) $\frac{\Delta L}{\lambda} = 0$; e $\frac{\Delta L}{\lambda} = 0$

b) $\frac{\Delta L}{\lambda} = 0$; e $\frac{\Delta L}{\lambda} = 0,5$

c) $\frac{\Delta L}{\lambda} = 0$; e $\frac{\Delta L}{\lambda} = 1$

d) $\frac{\Delta L}{\lambda} = 0,5$; e $\frac{\Delta L}{\lambda} = 0,5$

e) $\frac{\Delta L}{\lambda} = 0,5$; e $\frac{\Delta L}{\lambda} = 1$

4) Instrumentos como a flauta, a corneta, o saxofone são conhecidos como instrumentos de sopro. Nesses casos, qual é a função do tubo principal?
a) Segurar o instrumento.
b) Produzir os harmônicos.
c) Produzir o sopro.
d) Vibrar as cordas.
e) Segurar as cordas.

5) Os modos normais de vibração estão relacionados a qual fenômeno oscilatório?
a) Interferência.
b) Difração.

c) Propagação.
d) Construção.
e) Ressonância.

Interações teóricas

Computações quânticas

1) Discorra sobre a diferença entre as frequências dos harmônicos em tubos abertos e fechados. Por que isso ocorre?

2) O fenômeno responsável pela produção de som através das cordas de um violão tem relação com o mesmo fenômeno em equipamentos de sopro?

Relatório do experimento

1) Elabore dois planos de ensino sobre o mesmo experimento envolvendo ondas sonoras. Para o primeiro, utilize uma proposta de sala de aula invertida e, para o segundo, empregue o modelo de uma aula tradicional. Qual seria o plano mais adequado? É possível aplicá-lo em sua rotina de trabalho?

Projetos
e experimentos
didáticos para óptica
(fenômenos)

5

Primeiras emissões

Na reta final deste livro trataremos de um outro fenômeno ondulatório: a óptica. A formulação de Maxwell sobre o eletromagnetismo, em meados de 1860, possibilitou a interpretação da luz como uma onda eletromagnética, permitindo associar comportamentos ondulatórios à óptica. Neste capítulo, focaremos na fenomenologia e nos conceitos da óptica geométrica e proporemos atividades investigativas sobre a câmara escura e a fotografia, os princípios da óptica geométrica, a relação da óptica com a astronomia, a dispersão, a refração e a reflexão da luz.

5.1 Óptica geométrica

A **luz** é uma **onda eletromagnética**, gerada pela variação temporal simultânea de campos elétricos e magnéticos perpendiculares entre si. Complementaremos essa informação com o princípio de propagação retilínea da luz, na teoria ondulatória, proposto por Christiaan Huygens (1629-1695).

Segundo esse princípio, cada ponto de uma frente de onda eletromagnética se comporta como puntiforme, gerando ondas secundárias e assim sucessivamente, conforme representado na Figura 5.1.

Figura 5.1 – Frentes de onda em intervalos de tempo (t e $t + dt$) representando a propagação retilínea (tracejada), como proposto por Huygens

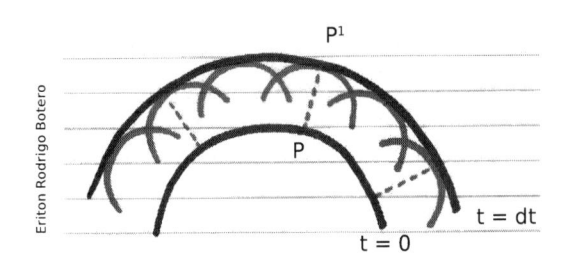

Já a trajetória dos raios luminosos é determinada pelo princípio de Fermat (citado por Nussenzveig, 1998, p. 19): "de todos os caminhos possíveis para ir de um ponto a outro, a luz segue aquele que é percorrido no tempo mínimo".

Em um meio homogêneo, o caminho correspondente ao tempo mínimo é sempre o mais curto, o que sugere a **propagação retilínea da luz**.

Quando os raios de luz partem de um objeto e se propagam até os olhos do observador, forma-se uma imagem, que pode ser real – caso seja formada em uma superfície – ou virtual – caso seja formada apenas em seu cérebro.

Por outro lado, se a propagação da luz ocorre em meios distintos – isto é, passa de um meio homogêneo para outro –, há uma descontinuidade do raio de luz na interface macroscópica entre os meios. Nessa descontinuidade, originam-se um **raio refletido**, no mesmo meio que o raio incidente, e um **raio refratado**.

Traçando uma reta normal ao plano de incidência, o ângulo de reflexão tem valor igual ao de incidência; já o ângulo de refração é inversamente proporcional a seu índice de refração (Equação 5.1).

Para esquematizar, chamaremos o meio de refração de *meio 2* e o meio de incidência de *meio 1*. Quando o meio 2 é mais refringente que o meio 1, o raio refratado aproxima-se da normal. Já quando o meio 2 é menos refringente que o meio 1, o raio refratado afasta-se da normal. O potencial de um meio ser menos ou mais refringente é denominado *índice de refração* (n_1, n_2, n_3 ...). Este varia de acordo com o próprio meio e com o comprimento de onda da luz monocromática incidente.

Equação 5.1

$$n_1 \operatorname{sen}\theta_1 = n_2 \operatorname{sen}\theta_2$$

Figura 5.2 – Raios de luz refletidos e refratados na interface entre duas superfícies refratoras

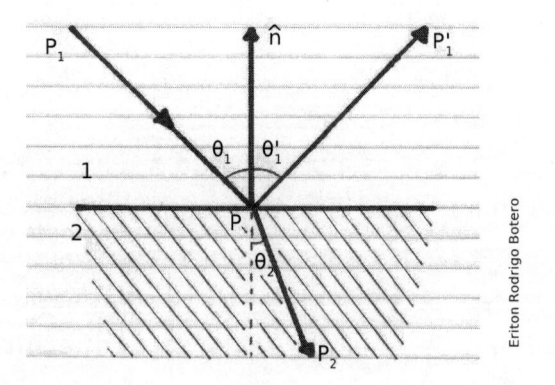

A proporção entre a intensidade do raio refletido e a do refratado depende da natureza de incidência do feixe de luz. Quanto mais rasante com a superfície for o feixe, maior será a intensidade da luz refletida. Dependendo da razão entre os índices de refração dos meios, há o chamado *ângulo crítico* (θ_c), que representa o ângulo de incidência no qual toda a luz é refletida e não refratada (Equação 5.2).

Equação 5.2

$$\sen \theta_c = \frac{n_2}{n_1}$$

5.1.1 Espelhos

Em se tratando de meios de interação de raios de luz, define-se *espelho* como uma superfície em que, independentemente do ângulo de incidência, todo raio é refletido. Os espelhos podem ser planos, esféricos, parabólicos etc. Na prática, sua fabricação envolve o depósito de uma fina camada metálica sobre uma superfície.

Em um **espelho plano** (Figura 5.3), toda imagem formada é de caráter **virtual** e a distância entre esta e o espelho é a mesma que entre ele e o objeto. Contudo, observa-se um caráter reverso da imagem.

Figura 5.3 – Raios de luz refletidos formando uma imagem virtual em um espelho plano

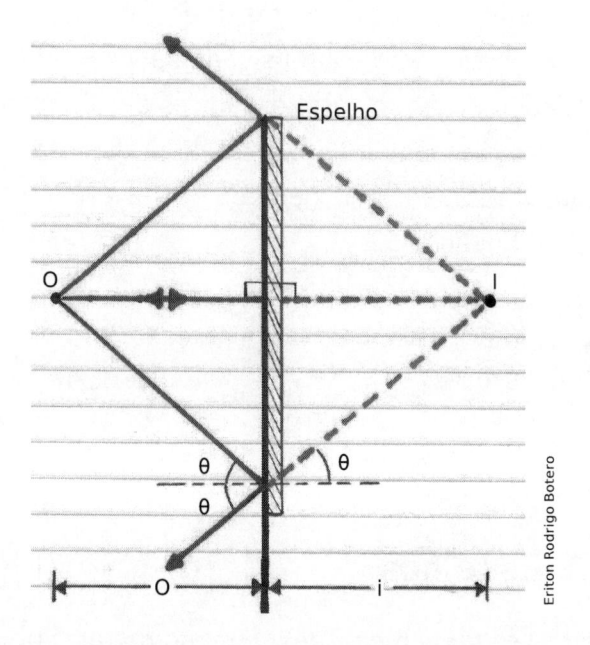

Já em um espelho curvo – neste livro, trataremos apenas de **espelhos esféricos** –, para classificar a imagem quanto a sua formação, inicialmente, define-se:

- **Centro de curvatura** – Corresponde ao centro da esfera a partir da qual o espelho é formado. Se o centro de curvatura está do mesmo lado que o objeto, tem-se um **espelho côncavo** e, se o centro de curvatura está do lado oposto ao objeto, tem-se um **espelho convexo**.
- **Eixo central** – É o ponto em que se localizam o objeto e a imagem formada.

- **Distância focal** – Situa-se sobre o eixo central, na metade da distância entre o centro do espelho e o centro de curvatura.

Em espelhos côncavos (Figura 5.4), se o objeto estiver entre o centro de curvatura e a distância focal, a imagem será virtual – formada atrás do espelho – e terá a mesma orientação do objeto. Caso o objeto seja deslocado até o ponto da distância focal, a imagem será formada no infinito, tornando-se imperceptível. Por fim, se posicionarmos o objeto além da distância focal, a imagem formada será real e invertida.

Figura 5.4 – Esquemas de formação de diferentes tipos de imagem por meio da reflexão de objetos em espelhos côncavos

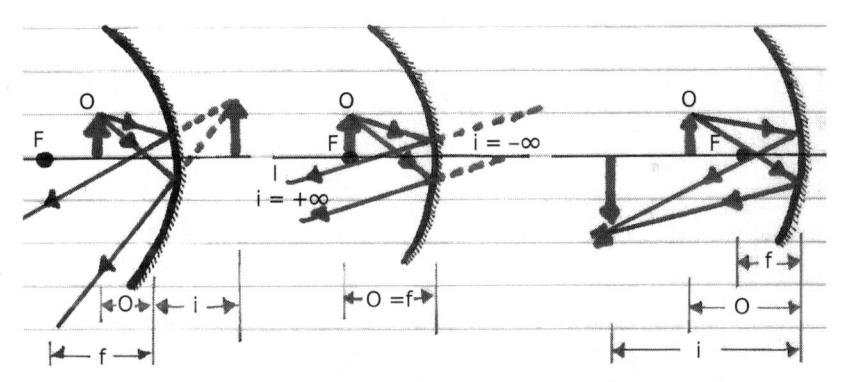

A Equação 5.3 descreve a relação entre a distância focal (f) e as posições do objeto (o) e da imagem (i) em espelhos côncavos.

Equação 5.3

$$\frac{1}{o} + \frac{1}{i} = \frac{1}{f}$$

E a magnificação (M) da imagem pode ser calculada por meio da Equação 5.4.

Equação 5.4

$$M = -\frac{i}{o}$$

Para espelhos convexos, aplicam-se as mesmas regras de traço dos raios luminosos, tal como representado na Figura 5.5. A diferença, no entanto, consiste no fato de que o objeto está do lado oposto ao centro de curvatura do espelho, de modo que os raios luminosos muitas vezes precisam ser projetados até a distância focal e o centro de curvatura.

Figura 5.5 – Esquemas de formação de diferentes tipos de imagem por meio da reflexão de objetos em espelhos convexos

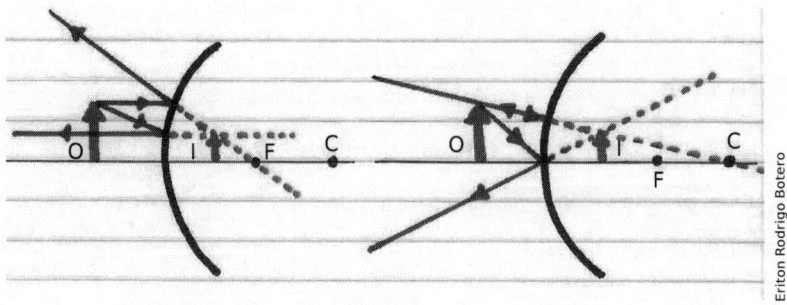

5.1.2 Superfícies esféricas refrativas

Trataremos agora da formação de imagens em **superfícies esféricas refrativas**, ou seja, dos fenômenos que ocorrem quando os raios de luz partem de um meio com índice de refração n_1 e chegam a uma interface esférica – com raio de curvatura r e centro de curvatura C – com um meio com índice de refração n_2. Vale ressaltar que a normal à superfície é sempre encontrada a partir do centro de curvatura da esfera. As seis possibilidades de formação de imagens estão representadas na Figura 5.6 a seguir. Nas ilustrações, as áreas sombreadas são as que apresentam os maiores índices de refração.

Figura 5.6 – Formação de imagens em superfícies refratoras esféricas

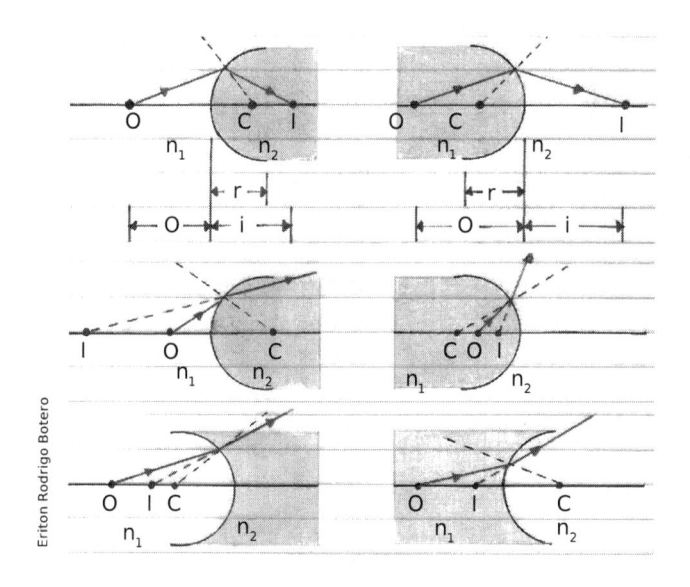

Em superfícies refratoras esféricas, imagens reais são formadas no lado oposto ao objeto; já as imagens virtuais são formadas no mesmo lado em que está o objeto. A posição da imagem (i) depende da posição do objeto (o), dos índices de refração dos meios (n_1 e n_2) e do raio de curvatura (r) da superfície esférica. Considerando que o objeto está sempre localizado no meio com índice de refração n_1, obtém-se a Equação 5.5.

Equação 5.5

$$\frac{n_1}{o} + \frac{n_2}{i} = \frac{n_2 - n_1}{r}$$

Com isso em mente, convém abordarmos as **lentes delgadas**. Considera-se lente delgada aquela com duas superfícies refratoras de raios r_1 e r_2 – de acordo com a ordem em que são encontradas pela luz incidente – e com índice de refração n_2. Além disso, a palavra *delgada* indica que a sua espessura relativa é muito menor do que as outras distâncias em questão.

As lentes podem ser classificadas quanto à formação da imagem em: **convergentes** – raios de luz convergem na formação da imagem; e **divergentes** – raios de luz divergem na formação da imagem.

Em lentes delgadas, a relação entre a distância focal e as posições do objeto e da imagem é expressa pela Equação 5.6.

Equação 5.6

$$\frac{1}{f} = \frac{1}{o} + \frac{1}{i}$$

Já a distância focal pode ser obtida por meio do índice de refração (n) e dos raios de curvatura (Equação 5.7).

Equação 5.7

$$\frac{1}{f} = (n-1)\left(\frac{1}{r_1} - \frac{1}{r_2}\right)$$

Quando o objeto está em frente a uma superfície convexa, o raio de curvatura é de sinal positivo; quando está em frente a uma superfície côncava, o raio é negativo.

A Figura 5.7, a seguir, mostra os conjuntos de lentes que podem ser convergentes ou divergentes, de acordo com a concavidade de suas superfícies.

Figura 5.7 – Classificação das lentes em convergentes e divergentes de acordo com a concavidade de sua superfície

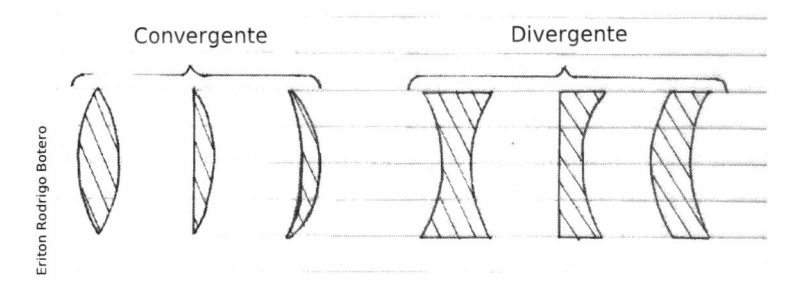

Em lentes convergentes, a imagem é formada no lado oposto ao do objeto, o que a classifica como real. O contrário ocorre nas lentes divergentes, nas quais a imagem formada é classificada como virtual.

Figura 5.8 – Formação da imagem em exemplos de lentes convergentes e divergentes

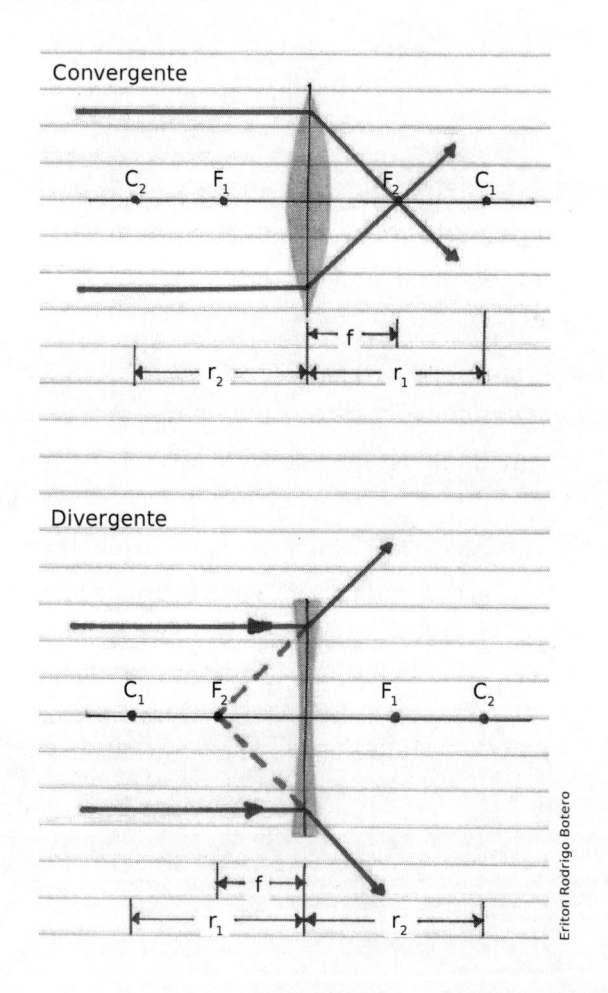

5.2 Laboratório didático de óptica (fenômenos)

O laboratório didático para atividades investigativas de fenômenos ópticos possibilita experimentos de câmara escura e fotografia; princípios da óptica geométrica; eclipse e fases da Lua; reflexão e refração; e dispersão da luz. Para a montagem desse laboratório, sugerimos a seguinte lista de materiais:

1. caixa de papelão bem vedada ou lata vazia pintada de preto por dentro;
2. agulha ou prego bem fino;
3. vela;
4. palitos de fósforo;
5. folha de papel branca;
6. fita adesiva preta;
7. tesouras;
8. papel fotossensível;
9. fita adesiva;
10. globo terrestre ou uma esfera de isopor com a identificação dos polos Norte e Sul e dos continentes;
11. abajur sem a cúpula ou outra fonte de luz;
12. esferas de isopor (menores do que a esfera que representa o globo terrestre);
13. suportes para as bolas de isopor (palito de churrasco);
14. apontadores *laser* (*laser pointers*) de cores diferentes;
15. espelhos de 5 cm × 5 cm;
16. espelho de 2 cm × 2 cm;

17. dobradiça de porta;
18. bacia;
19. placa quadrada de acrílico de superfície 10 cm × 10 cm com aproximadamente 2 cm de espessura e todos os lados polidos;
20. placa quadrada de vidro de superfície 10 cm × 10 cm com aproximadamente 2 cm de espessura e todos os lados polidos;
21. transferidor;
22. garrafa transparente lisa de plástico (sem desenhos ou ranhuras);
23. pó de giz ou talco.

5.2.1 Princípios da óptica geométrica

Uma atividade investigativa que pode ser executada com os estudantes consiste em demonstrar para eles os princípios da óptica geométrica que envolvem a propagação retilínea e independente dos raios de luz e sua reversibilidade.

Para realizar essa atividade, providencie os itens 14, 15 e 16 da lista de materiais sugeridos. Fixe um dos espelhos em uma parede da sala de aula. Em alguma posição oposta, use um apontador *laser* para direcionar um feixe de luz para o espelho e fixe-o nessa posição. Nesse momento, verifique onde o reflexo da luz está incidindo e coloque nesse ponto um segundo espelho. Mexa esse último e observe o reflexo da luz sobre a sala de aula. Repita o procedimento com outro apontador. Tente posicionar os espelhos nos mesmos pontos usados na incidência anterior. Assim, mostre que, independentemente da cor, a luz segue a mesma trajetória nas múltiplas reflexões.

Em seguida, com um apontador, mire o *laser* em um espelho fixo. Marque exatamente a posição que o feixe reflete na outra parede. Nessa posição, coloque o outro apontador e tente fazer o caminho reverso do feixe de luz inicial. Evidencie que, para uma mesma inclinação em relação ao espelho, a luz segue a mesma trajetória independentemente de sua origem e sua cor.

Por fim, cruze os dois feixes de luz, de modo que um passe pelo caminho do outro. Para isso, direcione um *laser* para o espelho fixo. Na mesma posição, direcione o outro feixe para o mesmo espelho. Procure fazer os dois raios de luz se sobreporem no mesmo ponto de incidência. Observe os pontos de reflexão desses feixes de luz e examine as cores formadas. Caso necessário, use pó de giz ou talco para visualizar a trajetória dos feixes.

5.2.2 Câmara escura e fotografia

O laboratório didático permite a execução de uma atividade investigativa que consiste em demonstrar para o estudante o processo de formação de imagens, traçando paralelos entre a máquina fotográfica e o mecanismo de formação de imagens no olho humano. É importante lembrar que os alunos provavelmente já tiveram algum contato com equipamentos que envolvem fenômenos de óptica; porém, podem não ter ideia de como esses mecanismos funcionam.

Para essa atividade, serão necessários os materiais 1, 2, 6 e 8 da lista. Use a fita adesiva preta para vedar todas as possíveis aberturas da caixa. Em seguida, cole, em uma das laterais internas, uma folha de papel branco. Na lateral oposta, use a agulha para fazer um furo – para esse procedimento, recomendamos usar os lados menores da caixa. Quanto maior for a caixa, maior pode ser o furo feito com a agulha.

Crie outro orifício no mesmo lado em que foi feito o primeiro. Esse novo furo deve ser suficientemente grande, de modo que seja possível observar uma imagem por ele, e deve estar suficientemente afastado do primeiro, de modo que este não seja obstruído quando a caixa for utilizada para visualizar uma imagem. Em um ambiente escuro, use a caixa como dispositivo para visualizar a chama de uma vela acesa.

Figura 5.9 – Representação esquemática da montagem do experimento de câmara escura

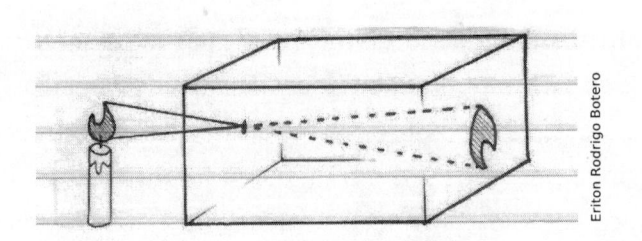

Eriton Rodrigo Botero

Para a montagem de uma câmera fotográfica, use a mesma caixa com o orifício maior tampado ou, ainda, uma lata pintada de preto – com a agulha ou o prego, faça um furo na tampa. Em uma sala escura, cole, no lado interno oposto ao furo, o papel fotossensível. Posicione o aparato, com a abertura fechada, na frente de um objeto. Por fim, destampe a abertura e mantenha a exposição do objeto por alguns minutos. A imagem revelada no papel fotossensível será a mesma observada, porém invertida, isso significa que com esse experimento é possível criar uma máquina fotográfica, similar às máquinas antigas com filmes.

5.2.3 Óptica geométrica e fatores astronômicos

O laboratório didático também permite demonstrar aos estudantes a relação entre óptica geométrica e fatores astronômicos, como a posição relativa dos astros.
De modo simples e com fácil execução, aproveitando a noção de propagação retilínea da luz e as propriedades da propagação da luz no vácuo, os estudantes poderão compreender fenômenos como as fases da Lua,
os eclipses solar e lunar e as estações do ano. Para essas atividades, você precisará dos itens 10, 11, 12 e 13 da lista de materiais sugeridos.
Em uma mesa, disponha no centro a luz do abajur, representando o Sol; coloque o globo terrestre em um dos lados. Internamente, ao redor do perímetro da mesa,

trace a órbita da Terra. Por essa razão, é interessante usar uma mesa retangular para que a órbita seja elíptica. Caso use um globo terrestre comercial, não é preciso preocupar-se com a inclinação de 23° do eixo de rotação da Terra. Entretanto, isso deve ser considerado se você confeccionar o globo com a esfera de isopor, conforme indicamos na lista de materiais.

Acenda a lâmpada e apague a luz da sala. Verifique que, conforme se orienta o globo terrestre na órbita criada, há incidência mais ou menos intensa da luz solar sobre os hemisférios. Esse efeito corresponde às estações do ano.

Depois, disponha, entre a lâmpada e o globo, a esfera menor, que representa a Lua. Com esta, descreva uma órbita em relação à Terra. Verifique, durante esse movimento, quais partes da Lua estão iluminadas e são visíveis para a face escura da Terra – na qual seria noite.

Posicione a esfera que representa a Lua entre as que representam a Terra e o Sol e mostre a posição de um eclipse solar. Por fim, posicione a Lua na sombra criada pela Terra e apresente a posição de um eclipse lunar.

Figura 5.10 – Representação esquemática da montagem do experimento sobre as fases da Lua, estações do ano e eclipses

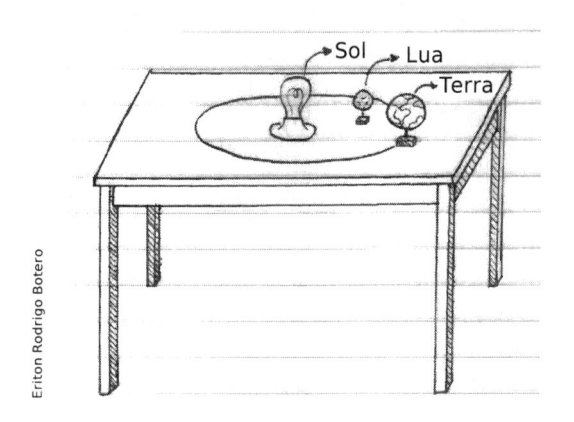

5.2.4 Reflexão e refração

Outra atividade que o laboratório didático de óptica permite realizar objetiva demonstrar as relações do ângulo de incidência de um feixe de luz com os ângulos de reflexão e refração, em dois meios transparentes distintos. Para essa experimentação, você precisará providenciar os itens 5, 14, 19, 20, 21 e 23 da lista de materiais sugeridos.

Lixe qualquer um dos lados de menor espessura (~2 cm) das placas de acrílico e vidro, a fim de ciar uma superfície rugosa que possibilite observar um raio de luz com maior nitidez. Sobreponha a placa a uma folha de papel, e desenhe, em um dos lados polidos,
a reta normal a ele. Use o apontador *laser* e faça uma incidência inclinada do feixe de luz sobre essa superfície

polida, tal que se possa medir com um transferidor esse ângulo de incidência. Caso queira, use o pó de giz para visualizar esse feixe. Na mesma superfície do plano de incidência, observe também o feixe refletido. Meça o ângulo de reflexão e compare-o com o de incidência. Por fim, na superfície rugosa, visualize o ponto de refração do feixe, meça seu ângulo com o transferidor e compare-o com o de incidência.

Figura 5.11 – Representação esquemática da montagem do experimento sobre reflexão e refração

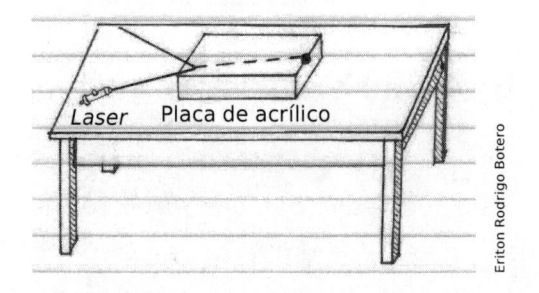

Desligue o *laser*, retire o material e faça as projeções dos pontos marcados sobre a linha normal à superfície. Com o transferidor, descubra os ângulos de incidência, reflexão e refração. Repita o experimento com os dois materiais – vidro e acrílico – e com duas cores de *laser*, totalizando quatro demonstrações.

5.2.5 Dispersão da luz

Com o laboratório didático de óptica, é possível realizar atividades para demonstrar a dispersão da luz branca nas cores do espectro visível, a função do Sol como fonte de luz branca, além da relação entre comprimento de onda e dispersão da luz. Para esses experimentos, você terá de reservar os itens 5, 16, 17, 18 da lista de materiais sugeridos.

Cole o pedaço de espelho em um dos lados externos da dobradiça fechada e coloque-a dentro da bacia cheia de água. A dobradiça servirá como um direcionador do espelho, de modo que a incidência direta da luz solar, após refratada pela água da bacia, seja direcionada para uma superfície plana.

Caso haja incidência de luz solar direta sobre as janelas da sala de aula, o experimento pode ser realizado nela. Não havendo, leve o experimento para um espaço externo. Faça um furo no papel para servir como obturador da luz solar, tal que o feixe de luz colimado incida sobre o espelho devidamente posicionado dentro da bacia. Com o auxílio de outra folha de papel, procure o feixe refratado. Verifique as cores formadas e anote sua sequência.

Força nuclear forte

Denomina-se *feixe colimado* um feixe luz não disperso, ou seja, que, ao longo da trajetória do experimento, concentre boa parte da intensidade da luz em determinada região do espaço.

Figura 5.12 – Representação esquemática da montagem do experimento de dispersão da luz

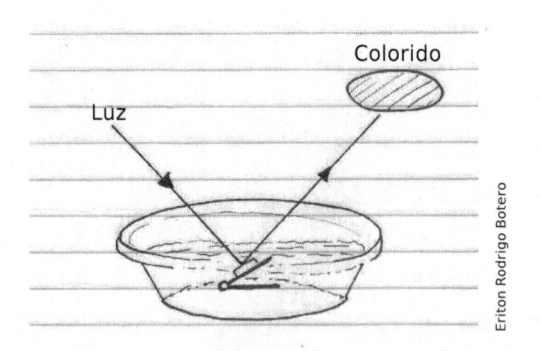

Luz / *Colorido*

Eriton Rodrigo Botero

5.3 Sequência didática sobre fenômenos ópticos

Para este capítulo, a sequência didática que propomos é dedicada a atividades investigativas propostas para os fenômenos de óptica. Como nas demais sequências deste livro, apresentamos apenas um eixo geral, estando você, professor, livre para realizar alterações e modificações pertinentes para a realidade e os objetivos de cada turma.

Tema das aulas: Fenômenos ópticos
Número de aulas sugeridas: Quatro aulas de 50 minutos
Atividades avaliativas sugeridas: cálculos e/ou descrição dos fenômenos observados em cada experimento em forma de relato

Aula 1 – Introdução ao tema e levantamento das concepções alternativas

No início da aula, realize a primeira captação das concepções alternativas dos alunos a respeito do tema. Podem ser feitos questionamentos como:

- A luz é uma onda?
- Que tipo de onda seria essa?

Aprofunde a discussão e pergunte se eles conhecem os efeitos de reflexão, refração, absorção e transmissão da luz. Em caso positivo, solicite definições desses efeitos.

Aproveite o momento e mostre uma imagem do espectro eletromagnético (Figura 3.12) para os alunos. Neste, identifique a parte visível da luz, os raios ultravioleta e os infravermelhos.

Em seguida, pergunte se os efeitos definidos anteriormente (reflexão, refração, absorção e transmissão da luz) se aplicam aos raios ultravioleta, aos infravermelhos e a outros intervalos do espectro.

Questione:

- É possível ver um raio ultravioleta?
- E um infravermelho?

Posicione uma câmera fotográfica digital ou a de um *smartphone* diante do emissor de raios infravermelhos de um controle remoto – caso seja necessário, leve o vídeo gravado. Mostre aos alunos que, ao apertar qualquer tecla, é possível ver a imagem do emissor piscar, como se fosse uma lâmpada, mas no infravermelho. Relacione as lâmpadas convencionais, emissoras no espectro visível, com a lâmpada do controle remoto. Expanda essa discussão para abarcar as outras regiões do espectro, perguntando se os espelhos e as lentes seriam os mesmos para todos os tipos de radiação.

Após essa discussão, comece a trabalhar os conceitos de propagação e interação da luz visível. Pergunte:

- É possível que a luz descreva uma curva sem o uso de espelhos?
- Como a imagem de um objeto é formada?
- Como podemos diferenciar as cores?
- Feixes de luz com cores diferentes misturam-se e produzem outra cor?
- O que é a luz branca?

Se possível, leve um vídeo sobre o disco de Newton ou faça essa demonstração em sala de aula.

Força nuclear forte

A luz visível é uma radiação eletromagnética cujas faixas de comprimento de onda variam entre as cores vermelha, laranja, amarela, verde, azul, índigo e violeta. Isaac Newton constatou essa propriedade utilizando um prisma triangular e um feixe de luz branca. Seguindo esse mesmo raciocínio, porém no caminho inverso, o disco de Newton usa uma placa pintada com as cores primárias (separadas e com seções de mesma área) girando com velocidade suficiente, tal que é possível visualizar a cor branca como resultado da mistura das cores primárias.

As equações e discussões mais detalhadas de cada fenômeno devem ser encaminhadas no momento oportuno das atividades investigativas. Para cada nível de ensino, você, professor, pode aprofundar mais nessas discussões conforme julgar necessário.

Aula 2 – Formação de imagens

Na segunda aula, sugerimos aplicar os experimentos "Princípio da óptica geométrica" e "Câmara escura e fotografia", descritos, respectivamente, nas Subseções 5.2.1 e 5.2.2. Inicie a aula relembrando as respostas dos alunos sobre a propagação retilínea da luz, a mistura de feixes de luz, a formação de imagens e a existência de cores.

Na sequência, monte o experimento "Princípio da óptica geométrica". Principie o experimento usando somente um feixe de *laser*. Antes de repetir o processo com o outro *laser*, discuta com os alunos se a trajetória será a mesma com um feixe de outra cor. Alimente a discussão com mais um questionamento:

- E se usássemos uma lanterna em vez de *laser*, qual seria a diferença?

Depois de dialogar com os alunos, refaça o experimento empregando o *laser* de outra cor. Mostre que, independentemente da cor, a luz segue a mesma trajetória. Agora, entre dois espelhos, insira um objeto opaco no caminho do feixe. Pergunte:

- O que se observa?
- Houve desvio da trajetória provocada pela presença do objeto?

Discuta sobre o princípio de propagação retilínea da luz.

Prossiga para a segunda parte do experimento. Primeiramente, utilize apenas um espelho e um apontador *laser*. Marcando a posição do reflexo, mantenha aceso esse *laser*. Ligue o outro na posição do reflexo do primeiro. Faça o segundo feixe ser refletido no primeiro. Use pó de giz ou talco para visualizar o caminho óptico das luzes. Com esse experimento, conclua explicando que a luz, independentemente da direção, faz a mesma trajetória quando incide em um mesmo caminho.

Finalize as demonstrações sobre os princípios da óptica geométrica com a última parte dessa atividade. Faça os dois feixes de *laser* cruzarem, use o pó de giz para visualizar as trajetórias. Mostre aos alunos que não há mudança na trajetória nem na cor dos feixes resultantes.

Discuta sobre a formação de imagens, sobre como o cérebro humano recebe a informação e transforma-a em imagem. Deixe claro que os raios de luz provenientes dos objetos tanto podem originar-se neles próprios quanto podem ser reflexões de outras fontes que chegam até os olhos do observador. Então, realize o experimento "Câmara escura e fotografia". Uma vez que a montagem desse experimento é complexa, leve os materiais já preparados, de modo que apenas precise dispô-los.

Comece com o experimento da caixa. Peça para os alunos utilizarem a caixa para visualizar um objeto claro e descreverem a imagem formada. Eles constatarão que a imagem será invertida. Elabore um esquema no quadro explicando como ocorre a formação da imagem no experimento. Provoque a reflexão sobre a possibilidade de a imagem que o observador vê ser ou não invertida. Termine a aula demonstrando e explicando o uso da máquina fotográfica, por meio do experimento com a lata. Deixe alguns pedaços de papel fotossensível e a lata fotográfica com os alunos e solicite que façam imagens (fotografias) de objetos no ambiente escolar. Aproveite essas imagens em outras aulas, ou mesmo em outras disciplinas – Artes, por exemplo –, com a parceria de outros professores.

Aula 3 – A luz no dia a dia

O objetivo da terceira aula é estudar os fenômenos ópticos presentes no cotidiano. Para tanto, serão utilizados os experimentos "Dispersão da luz" e "Óptica geométrica e fatores astronômicos", detalhados, respectivamente, nas Subseções 5.2.5 e 5.2.3.

Inicie reproduzindo a atividade "Dispersão da luz", a fim de demonstrar o princípio de propagação retilínea da luz, utilizando o Sol como fonte. Se possível, realize o experimento dentro da sala de aula para ser mais dinâmico. Caso seja necessário, use um pedaço de papel como obturador e faça o feixe de luz do Sol incidir no espelho dentro da água. Observe com os alunos a imagem refletida no anteparo. Solicite que anotem a sequência de cores e comparem com a sequência do espectro eletromagnético discutido na primeira aula. Exponha a associação entre cada cor e seu comprimento de onda. Discuta também a relação entre cor e dispersão, considerando o índice de refração do meio. Indique que este é inversamente proporcional ao comprimento de onda, assim, quanto maior for o comprimento de onda, menor será o efeito de dispersão da luz. Faça um desenho esquematizando a atividade realizada.

Se for preciso, leve a imagem de um prisma e mostre sua relação com o experimento. Por fim, aproveite para comentar o aparecimento de arco-íris em dias chuvosos.

Guie os alunos à conclusão de que a parte visível da luz solar é uma composição de todas as cores do espectro visível. Lembre-os de que existem outros tipos de luz, como os raios ultravioleta e os infravermelhos; contudo, o instrumento de medida nesse caso – ou seja, o olho humano – não consegue detectar essa imagem.

Aproveite o momento que está tratando da luz do Sol e mostre sua importância para o sistema solar. Para isso, realize o experimento "Eclipses e as fases da Lua".

Posicione a luminária no centro de uma mesa e crie, ao redor da lâmpada, uma órbita ligeiramente elíptica. Aponte que esta representa o Sol e posicione o globo em diferentes posições de sua "órbita". Demonstre que, em virtude da inclinação da Terra, há algumas regiões com mais incidência solar do que outras, resultando em diferentes estações do ano para cada uma. Enquanto o hemisfério com maior incidência solar está no verão, o com menor incidência está no inverno. Além disso, demonstre que há pontos da órbita nos quais a incidência nos dois hemisférios é praticamente a mesma, resultando na primavera e no outono. Por fim, realize uma atividade: coloque o globo em algumas posições da órbita e peça para os alunos descreverem quais são as estações de cada hemisfério.

Com o mesmo sistema montado, insira uma esfera menor para representar a Lua. Mostre a formação das diferentes fases desse satélite e explique o porquê de este ser visível apenas no período noturno. Lembre-se de que a órbita da Lua dura um pouco menos do que 30 dias e está ligeiramente inclinada, se comparada à órbita da Terra em relação ao Sol. Contudo, mesmo com essa diferença, há a possibilidade de formação de eclipses. Demonstre as condições que acarretam os eclipses solar e lunar. Por fim, peça para os alunos esboçarem, por meio do aparato experimental, as posições de Lua cheia, nova, crescente e minguante, assim como as configurações dos eclipses solar e lunar.

Aula 4 – Reflexão e refração da luz

Na quarta aula, a atividade investigativa "Reflexão e refração", descrita na Subseção 5.2.4, é utilizada. Contudo, visto que se trata de um tema muito abrangente e com inúmeras aplicações cotidianas, procure sempre esboçar os experimentos no quadro e estabelecer relações com o cotidiano.

Inicie a aula reapresentando o conceito de índice de refração de um meio. Estabeleça a relação entre o índice de refração e a velocidade da luz no meio, demonstrando que, quanto maior é o índice de refração, menor é a velocidade da luz no meio.

Coloque água até a metade de uma garrafa transparente e incida o feixe de *laser* na interface entre água e ar, dentro da garrafa. Verifique que, além do raio refratado na água, há o raio refletido por essa superfície. Para uma melhor visualização do feixe, adicione gotas de corante à água (é possível utilizar corretor líquido) e espalhe talco no ar. Faça variações angulares da posição do *laser* na superfície do líquido e exponha as intensidades e direções dos feixes refletidos e refratados. Peça para os alunos descreverem suas impressões em forma de relato.

Desenhe, então, o esquema didático das reflexões e das refrações em superfícies lisas e equacione todos os fenômenos. Explique a relação entre o ângulo de incidência e o índice de refração para os materiais. Demonstre os cálculos para obtenção do ângulo crítico.

Depois, troque a posição de incidência do *laser* na garrafa, fazendo o feixe de luz sair do meio com maior índice de refração para o com menor índice de refração. Mostre que, em certo ângulo, há a reflexão total do feixe. Comente que esse fenômeno constitui o princípio de funcionamento da fibra óptica. Leve um esboço e/ou um exemplo de fibra óptica para a sala e discorra sobre suas aplicações.

Na sequência, utilize as peças de vidro e acrílico, bem como o transferidor, conforme a lista de materiais sugeridos e o detalhamento da atividade investigativa na Subseção 5.2.4. Proponha que os estudantes realizem a incidência do feixe de luz até encontrarem o ângulo crítico. Use o transferidor para calcular esse ângulo em relação à normal do material. Então, calcule o índice de refração dos materiais. Troque o *laser* por um de outra cor e verifique os valores dos ângulos críticos e dos índices de refração novamente. Peça para os alunos responderem às seguintes questões em seus relatos, que podem funcionar como atividade avaliativa:

- Há diferenças entre os valores encontrados?
- Era de se esperar tais diferenças em se tratando da propagação da luz em um mesmo meio?
- E se o experimento fosse repetido com luz branca, o que se observaria?

Radiação residual

- **Óptica geométrica**
  - Natureza da luz
    - Onda eletromagnética
    - Propagação retilínea
      - Reflexão
      - Refração
  - Espelhos planos
    - Imagem virtual e direita
  - Espelhos esféricos
    - Centro de curvatura
    - Eixo central
    - Distância focal
    - Espelhos côncavos
      - Centro de curvatura no mesmo lado que o objeto
      - Objeto entre o centro de curvatura e a distância focal – imagem virtual e direita
      - Objeto na distância focal – imagem imperceptível, formada no infinito
      - Objeto além da distância focal – imagem real e invertida
    - Espelhos convexos
      - Centro de curvatura no lado oposto ao objeto
      - Objeto no lado oposto ao centro de curvatura e distância focal
      - Imagem virtual e direita, porém com magnificação variável

- Superfícies esféricas refrativas
  - Lentes delgadas
    - Convergentes – raios de luz convergem na formação da imagem
    - Divergentes – raios de luz divergem na formação da imagem
- **Laboratório didático de óptica (fenômenos)**
  - Materiais
    - Caixa de papelão vedada ou lata vazia pintada de preto por dentro;
    - Agulha ou prego bem fino
    - Vela
    - Palitos de fósforo
    - Folha de papel branca
    - Fita adesiva preta
    - Tesouras
    - Papel fotossensível
    - Fita adesiva
    - Globo terrestre ou esfera de isopor com a identificação dos polos Norte e Sul e dos continentes
    - Abajur sem a cúpula ou outra fonte de luz
    - Esferas de isopor pequenas
    - Suportes para as bolas de isopor
    - Apontadores *laser* de cores diferentes
    - Espelhos de 5 cm × 5 cm
    - Espelho de 2 cm × 2 cm
    - Dobradiça de porta
    - Bacia

- Placa quadrada de acrílico
- Placa quadrada de vidro
- Transferidor
- Garrafa transparente lisa de plástico
- Pó de giz ou talco
- Experimentos
  - Princípios da óptica geométrica
    - Apontadores *laser*
    - Espelhos (5 cm × 5 cm; 2 cm × 2 cm)
  - Câmara escura e fotografia
    - Caixa e/ou lata
    - Fita adesiva preta
    - Agulha ou prego
    - Papel fotossensível
  - Óptica geométrica e fatores astronômicos
    - Globo terrestre
    - Abajur
    - Esferas de isopor
    - Suporte para as esferas de isopor
  - Reflexão e refração
    - Garrafa transparente
    - Placa quadrada de acrílico
    - Placa quadrada de vidro
    - Papel
    - Apontador *laser*
    - Transferidor
    - Pó de giz ou talco
  - Dispersão da luz

- Espelho (2 cm × 2 cm)
- Dobradiça
- Bacia
- Folha de papel
- **Sequência didática sobre fenômenos ópticos**
- Quatro aulas de 50 minutos
    - Aula 1 – Introdução ao tema e levantamento das concepções alternativas
    - Aula 2 – Formação de imagens
    - Aula 3 – A luz no dia a dia
    - Aula 4 – Reflexão e refração da luz

Testes quânticos

1) A luz visível pode ser classificada como:
    a) uma onda eletromagnética gerada por campos elétricos e magnéticos paralelos entre si.
    b) uma onda eletromagnética gerada por campos elétricos e magnéticos transversais entre si.
    c) uma onda eletromagnética gerada por campos elétricos e magnéticos longitudinais entre si.
    d) uma onda eletromagnética gerada por campos elétricos e magnéticos perpendiculares entre si.
    e) uma onda eletromagnética gerada por campos elétricos e magnéticos diagonais entre si.

2) O índice de refração de um meio caracteriza-se pela:
    a) refrigeração desse meio.
    b) refringência de um meio.

c) rarefação de um meio.
d) transparência de um meio.
e) translucidez de um meio.

3) Verifica-se a existência de um ângulo crítico, quando a luz:
   a) percorre um caminho de um meio menos refringente para um mais refringente.
   b) percorre um caminho de um meio mais refringente para um menos refringente.
   c) percorre um caminho entre dois meios com igual refringência.
   d) incide paralelamente a um meio muito refringente.
   e) incide paralelamente a um meio pouco refringente.

4) Qual é a principal diferença entre um espelho côncavo e um convexo?
   a) O índice de refração.
   b) O valor do foco.
   c) A posição do objeto em relação ao centro de curvatura.
   d) A formação de imagens.
   e) A posição do foco em relação ao centro de curvatura.

5) Em superfícies refratoras esféricas, de que modo se pode esquematizar a formação de imagens?
   a) Imagens reais são formadas no lado oposto ao objeto, assim como as imagens virtuais.
   b) Imagens reais são formadas no mesmo lado em que está o objeto, assim como as imagens virtuais.

c) Imagens reais e virtuais são formadas independentemente da posição do objeto.

d) Imagens reais são formadas no lado oposto ao objeto, já as imagens virtuais, no mesmo lado em que este está.

e) Imagens reais são formadas no mesmo lado em que está o objeto, já as imagens virtuais, no lado oposto.

Interações teóricas

Computações quânticas

1) Exponha a diferença na formação de imagens em espelhos côncavos e em convexos, seguindo as mesmas regras para sua formação.

2) Compare os efeitos de divergência e convergência entre as lentes delgadas. Em seguida, associe-os ao uso para correção de problemas oculares, como miopia e hipermetropia.

Relatório do experimento

1) Seria possível elaborar uma atividade de óptica sem o uso de instrumentos? Como podemos abordar esse conteúdo nos baseando apenas na fenomenologia, sem aplicações ou dispositivos?

Projetos e experimentos didáticos para óptica (instrumentos)

6

Primeiras emissões

Neste capítulo, focaremos na aplicação dos conceitos da óptica para a construção de instrumentos e dispositivos, a fim de demonstrar o poder e o uso desses fenômenos. Apresentaremos atividades investigativas sobre as lentes, os espelhos planos, os espelhos esféricos e os polarizadores.

6.1 Instrumentos ópticos

Neste capítulo, trataremos de alguns instrumentos ópticos, dispositivos que funcionam com base nos princípios da óptica geométrica. Nesse contexto, o instrumento mais recorrentemente citado será o olho humano, por ser um dos mais completos. Contudo, não podemos esquecer de outros com extrema importância para o desenvolvimento da ciência e da tecnologia como a luneta, o telescópio e o microscópio.

O **olho humano** contém inúmeros fluidos transparentes; uma lente dura e transparente, a **córnea**; uma lente flexível que, ao ser flexionada, muda sua distância focal, o **cristalino**; um diafragma que controla a intensidade da luz, a **íris** e a **pupila**; e uma tela de projeção, a **retina**, na qual a luz incidente é focalizada. Assim, trata-se de um instrumento completo de lentes e obturadores.

Por ser uma lente flexível, com distância focal móvel, o cristalino é uma estrutura que observa objetos muito distantes ou muito próximos dos olhos. Quanto menor é o objeto que se observa, maior é a tendência do observador de aproximá-lo dos olhos, a fim de que a imagem formada na retina seja a maior possível, com maior riqueza de detalhes. Porém, em um olho saudável, a distância mínima para que a imagem de um objeto seja nítida é de aproximadamente 15 cm.

Em pessoas com problemas oculares de miopia ou hipermetropia, a formação da imagem ocorre, respectivamente, antes ou depois da retina, provocando alterações na sua nitidez. Nesses casos, é necessário o uso de lentes corretivas, divergentes para a miopia e convergentes para a hipermetropia.

O tamanho da imagem gerada na retina é proporcional ao ângulo formado entre o tamanho do objeto (h) e sua distância em relação ao olho (d), o qual é chamado de *ângulo visual*. Com as devidas aproximações, esse ângulo pode ser escrito conforme a Equação 6.1.

Equação 6.1

$$\theta \approx \frac{h}{d}$$

O uso de **lupas ou lentes de aumento** provoca um aumento do ângulo visual do objeto e, consequentemente, do tamanho do objeto para a mesma distância em relação ao olho. Esse instrumento consiste em uma lente convergente. A formação de uma imagem nítida requer que se posicione o objeto a uma distância do olho (d) igual à distância focal da lente. A magnificação (M) de uma lente convergente é inversamente proporcional a sua distância focal (f) (Equação 6.2).

Equação 6.2

$$M = \frac{d}{f}$$

As aberrações causadas na confecção das lentes de aumento e, portanto, na formação das imagens limitam seu uso para grandes magnificações. Nesse sentido, para tal propósito existem os **microscópios compostos**, instrumentos constituídos por duas lentes convergentes, sendo uma objetiva, de distância focal f_{ob}, e uma ocular, de distância focal f_{oc}. Em um microscópio, um objeto de tamanho (h) é colocado próximo à distância focal da lente objetiva (f_{ob}), de modo a produzir uma imagem real e invertida de altura (h'). Essa imagem se torna o objeto da lente ocular – que funciona como uma lupa – gerando uma imagem virtual ampliada. A magnificação total, nesse caso, é calculada por meio da distância focal das duas lentes, da distância entre elas (t) – comprimento do tudo do microscópio – e da distância média em relação ao olho para obter um bom foco na retina (~25 cm) (Equação 6.3).

Lembrete

Lente objetiva – posiciona-se na direção do objeto.
Lente ocular – posiciona-se na direção do olho do observador.

Equação 6.3

$$M = -\frac{t}{f_{ob}} \frac{25}{f_{oc}}$$

Nessa equação, o sinal negativo indica que a imagem formada é invertida em relação ao objeto.

Figura 6.1 – Esquema representativo da formação de imagens em um microscópio de dupla lente

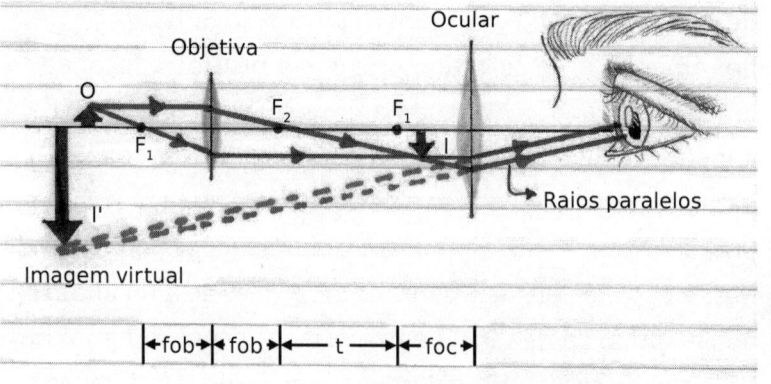

Contudo, quando se quer observar objetos distantes, aumentando o ângulo visual e a imagem observada, o **telescópio** é o equipamento mais indicado.

Um telescópio refrator é composto, também, por duas lentes convergentes, uma objetiva e uma ocular, mas dispostas de maneira diferente da empregada no microscópio. A lente objetiva recebe os raios de luz distantes, tal que podem ser considerados paralelos, focalizando-os em seu ponto focal, que coincide com o da lente ocular. A imagem obtida pela lente objetiva serve de objeto para a ocular, assim como no caso do microscópio. A magnificação total de um telescópio pode ser escrita em termos das distâncias focais das duas lentes, conforme expresso na Equação 6.4.

Equação 6.4

$$M = -\frac{f_{ob}}{f_{oc}}$$

Figura 6.2 – Esquema representativo da formação de imagens em um telescópio refrator

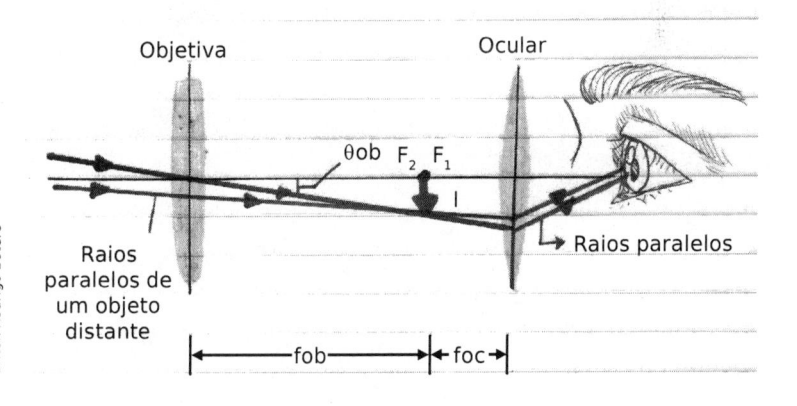

6.2 Laboratório didático de instrumentos ópticos

O laboratório para atividades investigativas de instrumentos ópticos compreende a criação de equipamentos, como a luneta, e práticas envolvendo experimentos com espelhos planos, espelhos esféricos, lentes delgadas e polarizadores. Para a montagem desse laboratório, sugerimos a seguinte lista de materiais:

1. tubo de PVC de 2 polegadas;
2. tubo de PVC de $\frac{3}{4}$ de polegada;
3. anéis de vedação de 2 e $\frac{3}{4}$ polegadas;
4. buchas de redução de 2 polegadas para $\frac{3}{4}$ de polegada;
5. luvas de PVC de 2, $\frac{1}{2}$ e $\frac{3}{4}$ polegadas;
6. niples de $\frac{3}{4}$ de polegada;
7. tampão de PVC de 2 polegadas;
8. *spray* de tinta preta fosca;
9. lente de 0,5° com diâmetro de 2 polegadas;
10. lente de 6° com diâmetro de $\frac{3}{4}$ de polegada;
11. espelhos esféricos;
12. espelhos planos;
13. polarizadores;
14. apontadores *laser* ou lanterna;
15. garrafa transparente lisa de plástico (sem desenhos ou ranhuras);

16. vela;
17. lentes convergentes e divergentes;
18. pó de giz ou talco.

> **Força nuclear forte**

- Os espelhos esféricos podem ser confeccionados colando-se fita cromo nos lados de vidros de relógio de diferentes diâmetros e curvaturas ou de outras superfícies esféricas côncavas e convexas.
- Os polarizadores podem ser lentes de óculos de Sol polarizadas.
- É possível conseguir lentes convergentes e divergentes em laboratórios de óptica ou lojas.

6.2.1 Lentes delgadas e lunetas

O laboratório de instrumentos ópticos permite montar uma luneta com os estudantes e mostrar-lhes o princípio de funcionamento de lentes delgadas. Assim, os alunos entram em contato com o princípio de refração e com a formação de imagens em lentes, bem como com as noções de distância focal e centro de curvatura.

Embora seja bastante simples, o primeiro experimento a ser explorado com esse laboratório é interessante para abordar a formação de imagens por meio de lentes. Para sua realização, basta usar uma garrafa plástica transparente, preferencialmente lisa, sem desenhos ou ranhuras. Imprima um desenho qualquer em uma folha de papel. Sugerimos utilizar o desenho de uma seta que aponte para um dos lados, esquerdo ou direito. Coloque a garrafa vazia em frente ao desenho e faça suas observações. Encha a garrafa de água e repita o experimento.

Já para a montagem da luneta, você precisará reservar os itens de 1 a 11 da lista de materiais sugeridos. Corte o tubo de PVC de 2 polegadas, obtendo um comprimento de 2 m, e o de $\frac{3}{4}$ de polegada, obtendo 17 cm de comprimento. Pinte-os internamente com o *spray* preto, a fim de evitar reflexões. Depois, faça uma abertura de 4 cm de diâmetro no tampão de PVC de 2 polegadas e pinte-o internamente de preto.

Use os anéis de borracha para prender, com o tampão, a lente de 0,5° em uma das extremidades do tubo de 2 polegadas. Na outra extremidade, conecte as buchas de redução de 2 polegadas para $\frac{3}{4}$ — caso seja necessário, pinte-as internamente. Desse modo, o diâmetro de 2 polegadas do tubo é reduzido para $\frac{3}{4}$ de polegada. Conecte uma das extremidades do tubo de $\frac{3}{4}$ de polegada nesse último redutor. Com o auxílio de uma luva, prenda a lente de 6° na outra extremidade desse tubo. Na outra ponta da luva, conecte um niple de $\frac{3}{4}$ de polegada. Por fim, ajuste as luvas de modo a obter um foco adequado e formar uma imagem com essa luneta.

Caso queira, use os tubos, luvas e tampões com roscas para facilitar a montagem e os ajustes. As lentes podem ser encomendadas em laboratórios de óptica e as roscas podem ser feitas em oficinas de ferramentaria.

6.2.2 Espelhos planos e esféricos

O laboratório didático de instrumentos ópticos também possibilita estudar e observar os diferentes processos de formação de imagens, em função tanto da distância entre o objeto e o espelho quanto do tipo de espelho utilizado. Para essas atividades, você precisará dos itens 11, 12, 14 e 18 da lista de materiais sugeridos.

Inicie a atividade investigativa com o espelho plano. Deixe-o sobre uma superfície plana e incida a luz *laser* sobre ele. Utilize pó de giz ou talco para verificar a trajetória da luz incidida e refletida. Verifique que, para esse espelho, o ângulo de reflexão é igual ao ângulo de incidência. Repita o procedimento com os espelhos côncavos e convexos, mas, agora, fazendo o feixe de luz incidir paralelamente às suas superfícies. Note as diferenças entre as reflexões do feixe de luz nos três tipos de espelho.

Em seguida, faça mais uma vez o *laser* incidir paralelamente ao eixo central dos espelhos esféricos. Estime a distância focal de cada um desses espelhos.

Use pó de giz ou talco para verificar trajetória se necessário.

Figura 6.3 – Representação esquemática da montagem do experimento com diferentes tipos de espelhos

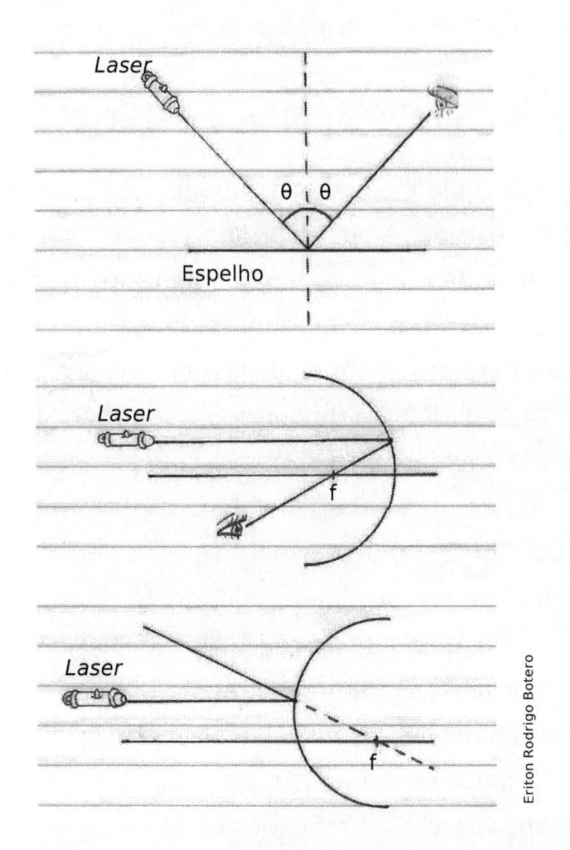

Por fim, peça a um estudante que assuma o papel de objeto para produzir as imagens. Cole um adesivo não simétrico em seu rosto, de modo que possa marcar a diferença entre as faces direita e esquerda. Solicite que ele fique diante dos espelhos e descreva as imagens que

vê. Garanta que a distância entre esse estudante e os espelhos varie; assim, ele poderá relatar para os colegas diferentes tipos de imagem que conseguir visualizar.

6.2.3 Polarização da luz

Outra atividade investigativa que pode ser realizada por meio do laboratório didático consiste em demonstrar a funcionalidade de polarizadores, bem como compreender o fenômeno de polarização da luz. Para esse experimento, serão necessários os itens 13 e 14 da lista de materiais sugeridos.

Faça o feixe *laser* atravessar um polarizador, de preferência de maneira paralela à sua normal (perpendicular à superfície). Note que a intensidade da luz diminui. Demonstre esse efeito retirando o polarizador do caminho óptico e atente para as diferenças nas intensidades do feixe. Insira outro polarizador entre o feixe e o primeiro polarizador. Observe, novamente, a intensidade da luz final.

Em seguida, gire um dos dois polarizadores em uma única direção e observe a intensidade do feixe de luz final, até que, em certa configuração, a intensidade seja a mais fraca possível. Mova esse polarizador para depois do primeiro, seguindo o sentido da trajetória da luz. Repita o procedimento de girá-lo e verifique a posição da marca anterior. Movimente ambos os polarizadores, de modo a obter a configuração de menor intensidade.

Figura 6.4 – Representação esquemática da montagem do experimento com diferentes polarizadores

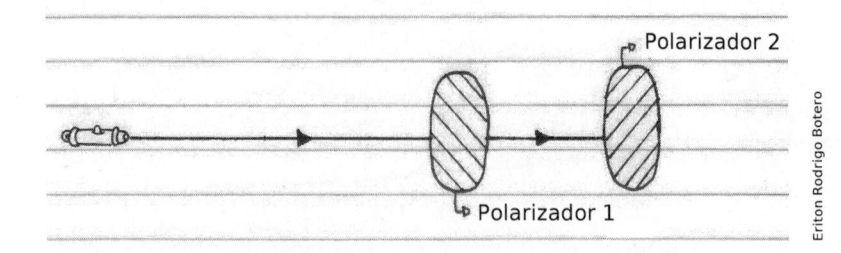

Polarizador 2

Polarizador 1

Eriton Rodrigo Botero

Ao obter a configuração do feixe resultante com menor intensidade, insira um terceiro polarizador, entre os dois que já estavam posicionados. Verifique que a intensidade do feixe volta a aumentar.

6.3 Sequências didáticas sobre instrumentos ópticos

A sequência didática proposta para este capítulo envolve os materiais e as atividades investigativas relacionados a instrumentos de óptica. Essa sequência será dividida em duas partes. A primeira apresenta um projeto de montagem de uma luneta, ideal para ser aplicado com estudantes em etapas mais avançadas do ensino, pois requer mais habilidades. Já a segunda pode ser realizada em sala de aula em diferentes níveis, servindo como apoio didático ao conteúdo e mobiliza experimentos sobre lentes, espelhos planos, espelhos esféricos e polarizadores. Assim como nos capítulos anteriores, os modelos apresentados podem ser alterados e adaptados conforme o planejamento de cada professor e os desdobramentos promovidos pelos alunos a cada experimento.

6.3.1 Projeto de montagem da luneta

Tema da atividade: Projeto de instrumentação de equipamentos ópticos
Atividades avaliativas sugeridas: redigir o projeto de montagem de uma luneta e seguir um cronograma de execução para essa montagem

Encontro 1 – O que é uma luneta?

Exponha teoricamente o princípio de funcionamento de uma luneta, explicando a formação de imagens pelas lentes objetivas e oculares. Apresente o cálculo do poder de magnificação de uma luneta (Equação 6.4) e um breve histórico da importância da luneta para as observações de Galileu e outros astrônomos, bem como para os instrumentos antigos de localização, como o astrolábio.

Divida a turma em grupos, de modo que estes não fiquem muito reduzidos nem muito numerosos – aproximadamente 10 estudantes em cada. Em cada grupo delegue funções em equipe como: uma equipe para as lentes, uma para os tubos, uma para a pintura e uma para a oficina.

O passo seguinte consiste em apresentar aos alunos o experimento de construção de uma luneta, bem como os materiais que se pretende utilizar (itens de 1 a 10 da lista de equipamentos sugeridos). Mostre a utilização e a funcionalidade de cada item no projeto.

Depois, instrua os alunos sobre a elaboração do projeto para a construção da luneta, o qual deverá conter: "Introdução teórica e desenvolvimento dos cálculos"; "Lista de materiais"; "Orçamento detalhado"; "Procedimento experimental de montagem"; e "Cronograma de atividades".

Ofereça livros didáticos e apostilas que sirvam como referência aos alunos para a elaboração da introdução teórica. Além disso, sugira que façam as adaptações necessárias da lista de materiais, sempre seguindo as funcionalidades de cada item. Determine uma data para a entrega de uma primeira versão do projeto. Proponha que cada equipe do mesmo grupo fique responsável pela pesquisa e pelo levantamento de preços dos materiais referentes à sua função, porém evidencie que o projeto é do grupo e sua montagem deve ser um trabalho conjunto. Recomende o uso de alguma plataforma de elaboração comunitária de texto ou *Wiki*.

Conhecimento quântico

Algumas plataformas que podem ser usadas para a elaboração do trabalho conjunto são:

NUCLINO. Disponível em: <https://www.nuclino.com>. Acesso em: 20 ago. 2020.

MOODLE. Disponível em: <https://moodle.org/>. Acesso em: 20 ago. 2020.

GOOGLE DOCS. Disponível em: <https://gsuite.google.com/intl/pt-BR/products/docs>. Acesso em: 20 ago. 2020.

Encontro 2 – Revisão dos projetos

Receba os projetos na data estipulada e faça as devidas alterações, correções e sugestões. Devolva-os em um segundo encontro e converse com os membros de cada grupo, mostrando as alterações realizadas. Exponha para a turma os pontos fortes de cada projeto. Destaque a planilha do grupo que conseguiu propor a realização do projeto com o menor valor final do produto. Peça aos membros desse grupo para explicar sua elaboração. Evidencie que tal processo é muito comum na ciência e nas ações de execução de projetos privados.

Encontros 3 e 4 – Montagem da luneta

No terceiro e no quarto encontros, execute o projeto do grupo com menor valor e, com ajuda de todos, monte uma luneta que poderá ficar para a escola como instrumento de observação.

Encontro 5 – Utilização da luneta para observações noturnas

Verifique a possibilidade de realização de observações noturnas com a luneta. Aproveite essas observações e discuta sobre aberrações cromáticas das lentes. Use obturadores, se necessário, para minimizá-las.

6.3.2 Sequência didática sobre lentes, espelhos e polarizadores

Tema das aulas: Instrumentos ópticos
Número de aulas sugeridas: Duas aulas de 50 minutos
Atividades avaliativas sugeridas: Descrição dos fenômenos observados em cada experimento em forma de relato (ofereça um guia para anotação) ou construção de um mapa conceitual sobre o tema.

Aula 1 – Espelhos planos e esféricos

Inicie a primeira aula abordando a classificação dos espelhos em planos, côncavos e convexos. Ilustre esses espelhos e comente os processos de formação de imagens, bem como a classificação destas em virtuais e reais. Nessa aula, são utilizadas as atividades investigativas "Espelhos planos e esféricos" descritas na Subseção 6.2.2.

Nesse momento, use os equipamentos 12 e 14 da lista de materiais sugeridos. Apresente a lei fundamental da reflexão em superfícies lisa: em relação à normal, o ângulo de incidência é igual ao ângulo de reflexão. Incida o *laser* na superfície do espelho e use o pó de giz para visualizar os raios incidente e refletido. Peça aos alunos que descrevam a imagem refletida pelo feixe de laser. Mostre que é praticamente um ponto de luz, igual ao feixe incidente, sem aberrações. No quadro, ilustre a formação de uma imagem virtual em um espelho plano, com o artifício do prolongamento das retas para a localização da imagem. Aproveite o momento para classificar a imagem formada por um espelho plano.

Na sequência, peça a um estudante que seja voluntário para narrar os observados em uma atividade. Cole um adesivo não simétrico em um dos lados do rosto dele. Solicite que descreva as posições do adesivo em função das direções direita e esquerda em relação ao seu rosto. Explique o princípio de reversão da imagem em espelhos planos.

Depois, solicite que o aluno se afaste do espelho e descreva o que ocorre com a imagem produzida no espelho. Para finalizar as atividades com espelhos planos, posicione dois espelhos lado a lado, montando um espelho maior. Entre os dois, coloque qualquer objeto. Verifique o número de imagens que aparecem.

Em seguida, reposicione os espelhos de modo a criar nova angulação entre eles, formando um diedro; com isso, o objeto observado ficará entre os espelhos e múltiplas imagens serão formadas. Peça para os estudantes relatarem o número de imagens que aparecem em função do ângulo entre os espelhos – caso necessário, use um transferidor para medir esse ângulo.

Prossiga para o trabalho com os espelhos esféricos. Inicie esse momento com esboços dos dois tipos de espelhos. Mostre o centro de curvatura e o foco em cada um dos casos. É inevitável usar a geometria para mostrar os diferentes tipos de imagem produzidos pela posição do objeto na frente dos dois espelhos. Provavelmente esse seja o momento adequado para fazer esse trabalho; porém, se preferir, é possível fazê-lo à medida que se trabalha com os itens 11 e 14 da lista de materiais sugeridos.

Inicie a atividade investigativa com dois apontadores *laser* ligados de maneira a produzir feixes de luz paralelos e com uma distância menor que o diâmetro dos espelhos entre si. Posicione o espelho côncavo na frente desses dois feixes. Com pó de giz ou talco, localize o foco desse espelho. Repita o experimento com um espelho convexo, tal que se possa estimar sua distância focal.

Novamente, peça a algum voluntário que se posicione em frente aos espelhos. Diferencie os lados da face do voluntário. Peça que, ao aproximar-se e afastar-se de cada espelho, ele descreva a imagem formada. Caso prefira, use uma vela acesa em uma sala escura para realizar essa atividade.

Aula 2 – Lentes e polarizadores

Inicie a segunda aula usando a atividade de construção de lentes com garrafa plástica, descrita na Subseção 6.2.1. Mostre aos alunos que uma lente, nesse caso cilíndrica, pode alterar, e muito, a imagem dos objetos. Nesse momento, apresente aos alunos os tipos de lentes (convergentes e divergentes), e descreva suas características no que concerne à formação das imagens.

Peça para alguns voluntários que usem óculos de correção descreverem suas lentes e classifique-as quanto à convergência. Use essas lentes dos voluntários como exemplos e incida feixes de *laser* sobre elas, visualizando as imagens formadas. Esse é o momento de esboçar no quadro a formação de imagens nas lentes.

Para finalizar, volte à explicação sobre a natureza da luz como onda eletromagnética. Reforce que uma onda eletromagnética apresenta campos elétricos e magnéticos oscilantes. Explique que um polarizador serve para selecionar uma única direção de oscilação de um campo elétrico. Assim, comece o experimento "Polarização da luz", descrito na Subseção 6.2.3, e mostre que a intensidade da luz diminui em razão dessa seleção da direção de oscilação. Gire esse polarizador e mostre que a intensidade da luz permanece constante. Tome cuidado para não usar um *feixe* laser polarizado; para garantir, realize o teste antes da aula. Coloque o segundo polarizador no sistema e mostre que a intensidade diminui novamente, mas passa a depender da posição relativa dos polarizadores. Faça o experimento e demostre que na condição de polarizadores cruzados não há intensidade da luz após o segundo polarizador. Por fim, insira o terceiro polarizador e demonstre que a intensidade volta a aumentar em relação ao caso anterior. Extrapole, conceitualmente, o experimento para infinitos polarizadores.

Radiação residual

- **Instrumentos ópticos**
  - Olho humano
    - Fluidos transparentes
    - Córnea
    - Cristalino
    - Íris
    - Pupila
  - Lupas ou lentes de aumento
    - Lente convergente
  - Microscópios compostos
    - Lentes convergentes
      - Lente objetiva
      - Lente ocular
  - Telescópio
    - Lentes convergentes
      - Lente objetiva
      - Lente ocular

- **Laboratório didático de instrumentos ópticos**
  - Materiais
    - Tubo de PVC de 2 polegadas
    - Tubo de PVC de $\frac{3}{4}$ de polegada
    - Anéis de vedação de 2 e $\frac{3}{4}$ polegadas
    - Buchas de redução de 2 polegadas para $\frac{3}{4}$ de polegada
    - Luvas de PVC de 2, $\frac{1}{2}$ e $\frac{3}{4}$ polegadas
    - Niples de $\frac{3}{4}$ de polegada
    - Tampão de PVC de 2 polegadas
    - *Spray* de tinta preta fosca
    - Lente de 0,5° com diâmetro de 2 polegadas
    - Lente de 6° com diâmetro de $\frac{3}{4}$ de polegada
    - Espelhos esféricos
    - Espelhos planos
    - Polarizadores
    - Apontadores *laser* ou lanterna
    - Garrafa transparente lisa de plástico
    - Vela
    - Lentes convergentes e divergentes
    - Pó de giz ou talco
  - Experimentos
    - Lentes delgadas e lunetas
      - Tubo de PVC de 2 polegadas
      - Tubo de PVC de $\frac{3}{4}$ de polegada
      - Anéis de vedação de 2 e $\frac{3}{4}$ polegadas

- Buchas de redução de 2 polegadas para $\frac{3}{4}$ de polegada
- Luvas de PVC de 2, $\frac{1}{2}$ e $\frac{3}{4}$ polegadas
- Niples de $\frac{3}{4}$ de polegada
- Tampão de PVC de 2 polegadas
- *Spray* de tinta preta fosca
- Lente de 0,5° com diâmetro de 2 polegadas
- Lente de 6° com diâmetro de $\frac{3}{4}$ de polegada
- Espelhos esféricos
- Espelhos planos e esféricos
  - Espelhos esféricos
  - Espelhos planos
  - Apontador *laser* ou lanterna
  - Pó de giz ou talco
- Polarização da luz
  - Apontador *laser*
  - Polarizadores

- **Sequências didáticas sobre instrumentos ópticos**
  - Projeto de montagem de luneta
    - Encontro 1 – O que é uma luneta?
    - Encontro 2 – Revisão dos projetos
    - Encontros 3 e 4 – Montagem da luneta
    - Encontro 5 – Utilização da luneta para observações noturnas
  - Sequência didática sobre lentes, espelhos e polarizadores

- Duas aulas de 50 minutos
  - Aula 1 – Espelhos planos e esféricos
  - Aula 2 – Lentes e polarizadores

Testes quânticos

1) Qual parte do olho humano cumpre o papel de uma lente delgada com foco variável?
   a) Cílios.
   b) Córnea.
   c) Retina.
   d) Pupila.
   e) Íris.

2) O que é o ângulo visual?
   a) O ângulo entre o cristalino e a córnea.
   b) O ângulo entre o tamanho do objeto e sua distância em relação ao olho.
   c) O ângulo entre o olho e o cristalino.
   d) O ângulo formado pelo objeto e sua distância em relação à lente corretiva.
   e) O ângulo entre o foco da lente e sua distância em relação ao objeto.

3) Uma lente convergente tem magnificação:
   a) proporcional ao centro de curvatura.
   b) proporcional à distância focal.
   c) proporcional ao tamanho do objeto.
   d) inversamente proporcional ao tamanho do objeto.
   e) inversamente proporcional à distância focal.

4) Como é classificada a imagem gerada em um microscópio composto?
   a) Real, invertida e menor.
   b) Real, invertida e maior.
   c) Virtual, invertida e maior.
   d) Virtual, direta e maior.
   e) Virtual, invertida e menor.

5) Qual é a função das lentes objetivas em dispositivos ópticos?
   a) Ampliar a imagem.
   b) Gerar uma imagem para a lente ocular.
   c) Gerar uma imagem real.
   d) Diminuir a imagem.
   e) Gerar uma imagem para o observador.

Interações teóricas

Computações quânticas

1) Explique a diferença na formação de imagens em telescópios e microscópios, baseando-se na disposição das lentes e do objeto.

2) Como reduzir as aberrações causadas na confecção de grandes lentes para uso em dispositivos? O que causa essas aberrações?

Relatório do experimento

1) Elabore dois planos de ensino sobre o mesmo experimento envolvendo qualquer tema de óptica. Em um, utilize uma proposta de sala de aula invertida e, no outro, uma abordagem tradicional. Qual seria o plano mais adequado? É possível aplicá-lo em sua rotina de trabalho?

Além das camadas eletrônicas

Escrever sobre metodologias e práticas de ensino não é uma tarefa fácil, principalmente porque envolve pôr em xeque as próprias práticas pedagógicas. Em cada parágrafo desta obra, há uma parcela de reflexão a propósito das metodologias de ensino mobilizadas pelo próprio autor em suas atividades docentes e de pesquisa, bem como das que foram praticadas com ele durante seus anos de estudo. Além disso, expor suas concepções e práticas de ensino para professores com as mais variadas experiências poderia, até mesmo, parecer um ato de soberba.

Contudo, livrando-nos desses sentimentos, propomos, nesta obra, práticas e métodos de ensino centrados nos estudantes e em suas relações sociais, valorizando o aprendizado significativo e a troca de experiências entre professores e alunos ou entre os estudantes.

No decorrer dos quatro capítulos focados nos conteúdos de Física, partimos dos conceitos de oscilação, passamos pelo estudo das ondas mecânicas, em especial o som, até chegarmos nas ondas eletromagnéticas que, com os devidos tratamentos, interagem com dispositivos, equipamentos etc., promovendo variados fenômenos presentes no cotidiano de todos, mas que muitas vezes são negligenciados ou apenas observados do ponto de vista do senso comum. Assim, a desmistificação desses fenômenos funciona como uma ferramenta para o ensino desses conteúdos nos mais variados níveis de escolaridade.

Obrigado pela leitura!

Referências

ALMEIDA, G. P. **Transposição didática**: por onde começar? São Paulo: Cortez, 2007.

BACHELARD, G. **O novo espírito científico**. São Paulo: Abril Cultural, 1978.

BELCHIOR, P. G. O. **Planejamento e elaboração de projetos**. Rio de Janeiro: Americana, 1972.

BLOOM, B. **Taxonomia dos objetivos educacionais**. Porto Alegre: Globo, 1972. v. 1 e 2.

BRUNSELL, E.; HOREJSI, M. "Flipping" Your Classroom. **The Science Teacher**, Washington, v. 78, n. 2, p. 10, 2011.

CARVALHO, A. M. P. (Org.). **Ensino de ciências unindo a pesquisa e a prática**. São Paulo: Cengage Learning, 2004.

CAVELLUCCI, L. C. B. **Estilos de aprendizagem**: em busca das diferenças individuais. 2010. Disponível em: <http://academius.com.br/portal/images/stories/953/estilos_de_aprendizagem.pdf>. Acesso em: 17 ago. 2020.

CLEOPHAS, M. das G. Ensino por investigação: concepções dos alunos de licenciatura em Ciências da Natureza acerca da importância de atividades investigativas em espaços não formais. **Revista Linhas**, v. 17, n. 34, p. 266-298, maio/ago. 2016. Disponível em: <http://www.revistas.udesc.br/index.php/linhas/article/view/1984723817342016266/pdf_132>. Acesso em: 17 ago. 2020.

KRAUSE, J. C.; SCHEID, N. M. J. Concepções alternativas sobre os conceitos básicos de física de estudantes ingressantes em cursos superiores de área tecnológica: um estudo comparativo. **Espaço Pedagógico**, Passo Fundo, v. 25, n. 2, 2018. Disponível em: <http://seer.upf.br/index.php/rep/article/view/8157>. Acesso em: 17 ago. 2020.

KUHN, Thomas S. **A estrutura das revoluções científicas**. 5. ed. São Paulo: Ed. Perspectiva, 1997.

MELLO, G. N. de; DALLAN, M. C.; GRELLET, V. Por uma didática dos sentidos (transposição didática, interdisciplinaridade e contextualização). In: MELLO, G. N. de. **Educação escolar brasileira**: o que trouxemos do século XX? São Paulo: Artmed, 2004. p. 59-64.

MOREIRA, M. A. **Diferentes abordagens ao ensino de laboratório**. Porto Alegre: Ed. da UFRGS, 1983a.

MOREIRA, M. A. **Uma abordagem cognitivista ao ensino de Física**. Porto Alegre: Ed. da UFRGS, 1983b.

NUSSENZVEIG, H. M. **Curso de física básica**. São Paulo: E. Blücher, 1998. v. 4: Óptica, relatividade e física quântica.

POPPER, K. **A lógica da intervenção científica**. São Paulo: Abril Cultural, 1980.

TIPLER, P. A.; MOSCA, G. **Física para cientistas e engenheiros**. 6. ed. Rio de Janeiro: LTC, 2009. v. 1: Mecânica, oscilações e ondas, termodinâmica.

ZÔMPERO, A. F.; LABURÚ, C. E. Atividades investigativas no ensino de ciências: aspectos históricos e diferentes abordagens. **Revista Ensaio**, v. 13, n. 3, p. 67-80, set./dez. 2011. Disponível em: <https://www.scielo.br/pdf/epec/v13n3/1983-2117-epec-13-03-00067.pdf>. Acesso em: 17 ago. 2020.

Bibliografia comentada

MNPEF – Mestrado Nacional Profissional em Ensino de Física. Disponível em: <http://www1.fisica.org.br/mnpef/>. Acesso em: 17 ago. 2020.

Esse é o site do Programa Nacional de Mestrado Profissional em Ensino de Física (MNPEF), oferecido pela Sociedade Brasileira de Física em diversas instituições do Brasil. Destina-se a professores de Física que desejam aprimorar sua metodologia de ensino. No site é possível realizar o download das dissertações e dos produtos educacionais já desenvolvidos, muitos dos quais podem ser aproveitados em atividades pedagógicas.

MOREIRA, M. A. **Teorias de aprendizagem**. São Paulo: EPU, 1999.

Nessa obra, Marco Antonio Moreira, um dos principais pesquisadores na área de ensino de Física do Brasil, mobiliza sua vasta experiência para ajudar na formação de professores. Baseia-se no ensino construtivista com foco voltado ao aluno, trazendo também as reflexões de famosos pesquisadores, como Jean Piaget e David Ausubel.

NUNES, L. A. O.; ARANTES, A. R. **Física em casa**.
São Carlos: Instituto de Física de São Carlos, 2009.
Disponível em: <http://www.livrosabertos.sibi.usp.br/portaldelivrosUSP/catalog/book/100>. Acesso em: 17 ago. 2020.

Esse livro, disponível para download gratuito, fornece material para inúmeras experiências, todas com materiais de baixo custo. Sua escrita é dialógica, o que lhe confere a vantagem de estimular o leitor a percorrer todo o livro e, assim, contemplar todo o conteúdo abordado. Sua linguagem torna-o acessível para um amplo público, sendo indicado até mesmo para alunos. Apresenta, de uma forma descomplicada, associações dos fenômenos físicos com o cotidiano.

PHET: Interactive Simulations. University of Colorado Boulder. Disponível em: <https://phet.colorado.edu/pt_BR/>. Acesso em: 17 ago. 2020.

Trata-se de um site descomplicado e completo que apresenta simulações para diversas áreas do conhecimento. Essas simulações abordam os conteúdos de maneira simplificada, motivando sua exploração completa. É possível utilizá-las para coletar dados e realizar experimentos on-line. Para cada experimento, há guias e exemplos de aplicação.

STUDART, N. Inovando a ensinagem de física com metodologias ativas. **Revista do Professor de Física**, v. 3, n. 3, p. 1-24, dez. 2019. Disponível em: <https://periodicos.unb.br/index.php/rpf/article/view/28857>. Acesso em: 17 ago. 2020.

Esse artigo, de um dos principais pesquisadores da área no Brasil, é bastante recente e trata de metodologias ativas, nas quais os alunos são os principais atores do processo educativo. Aborda temas como a sala de aula invertida e o ensino híbrido, apresentando resultados pertinentes.

Respostas

Capítulo 1

Testes quânticos

1) a
2) d
3) c
4) b
5) d

Capítulo 2

Testes quânticos

1) c
2) b
3) c
4) a
5) a

Capítulo 3

Testes quânticos

1) d
2) c
3) c
4) e
5) d

Capítulo 4

Testes quânticos

1) d
2) a
3) b
4) b
5) e

Capítulo 5

Testes quânticos

1) d
2) b
3) b
4) c
5) d

Capítulo 6

Testes quânticos

1) b
2) b
3) e
4) c
5) b

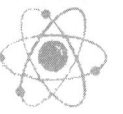

Sobre o autor

Eriton Rodrigo Botero é doutor (2009) em Física pela Universidade Federal de São Carlos (UFSCar) e bacharel em Física (2004) pela mesma instituição. Atualmente é professor associado da Faculdade de Ciências Exatas e Tecnologia da Universidade Federal da Grande Dourados (Facet – UFGD). Leciona em cursos de pós-graduação e graduação, ofertando disciplinas de Física Básica e Ciência e Engenharia de Materiais.
Tem experiência de pesquisa na área de física dos materiais, com ênfase no estudo de cerâmicas ferroelétricas transparentes. Docente há 10 anos, é entusiasta de temas relacionados a metodologias de ensino e aprendizagem, bem como aulas a distância e recursos educacionais para o ensino de Ciências.

Impressão:
Agosto/2020